反常心理学 3

简单有趣的心理学知识

王小军 著

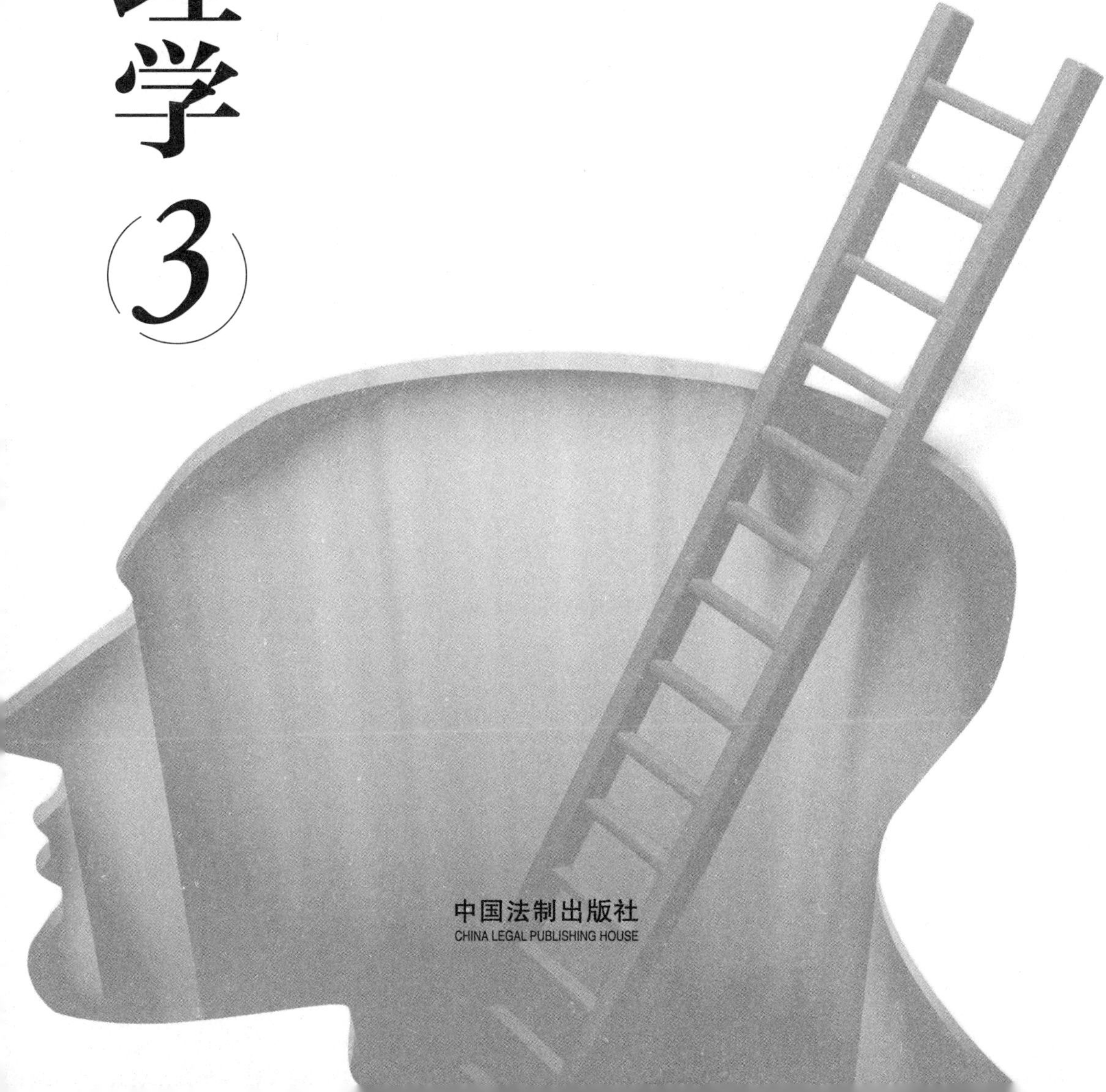

中国法制出版社
CHINA LEGAL PUBLISHING HOUSE

序言

Preface

“我的精神分裂症好了，现在我和我都很好！”这句黑色幽默的背后是精神分裂症患者不为人所理解的痛苦与孤独。《反常心理学．3，简单有趣的心理学知识》首先引导我们走进精神分裂症患者的内心世界，那是一个混乱而黑暗的世界，但只有走近它、了解它，才能消除人们的恐惧和误解。

说到人格障碍，有善于作秀，喜欢成为众人瞩目的焦点的表演型；敏感多疑、心胸狭隘的妄想型；苛求完美的强迫型；自卑、逃避的回避型；脾气暴躁、充满敌意的冲动型；还有情绪反复无常的边缘型。相比罕见的多重人格障碍——一个身体里住着几个、十几个人格，这些人格障碍更为常见，或许你我的身边就存在人格障碍的患者。如果想准确地甄别和判断，找到与他们相处的正确方式，不妨翻开本书的第二章。

本书还介绍了形形色色的依赖症、反常的群体心理、奇幻的梦境、催眠与潜意识、多变的人性、神奇的记忆等读者感兴趣的问题。这本书一定让您读得酣畅淋漓。

目录

Contents

01 第一章

多面人生

——精神分裂者的世界

第一节 | 现在我和我都过得很好

网络上曾流行过这样一句话："我的精神分裂症治好了，现在我和我都过得很好。"这句话乍一看有些荒唐，可实际上却透露出了人的一种孤独的状态。在中国最早的诗歌总集《诗经》中，有一句广为人知的诗——"知我者谓我心忧，不知我者谓我何求"，表达的是不被人理解的苦闷和忧愁。人是群居动物，在心理上有被他人认同和理解的需求。普通人在不被人理解的情况下尚且郁愤难平，更不用说精神分裂者在不被人们理解和认同时所感受到的孤独了。

电影《美丽心灵》讲述的就是一个患有妄想型精神分裂症的数学家通过自身的努力不断地与病魔做斗争，并最终取得胜利的故事。

电影的主人翁约翰·纳什在 1948 年进入普林斯顿大学学习数学，在竞争激烈的数学系中，这个来自西弗吉尼亚的神秘天才无疑是特别的，他获得了普林斯顿的奖学金，即便没有家人的资助，他依然能够在普林斯顿大学数学系拥有一席之地。但使他焦虑不安的事实却同样无法忽视：他对人际关系极不擅长，同窗的妒忌和刁难令他十分紧张和焦虑；他没有丰厚的资产作为后盾，迫切地需要加入惠勒研究室来维持生计，并且他有着伟大的理想。

但现实往往不能够令人完全称心如意，在其他同窗纷纷提交了自己的论文时，约翰·纳什却在自己的理论研究上没有取得任何进展，对此，他非常焦虑，以至于认为上课是一件浪费时间的事情。他不再按时上课，将自己困在屋子里，面对密密麻麻的公式，完全理不清头绪。最抓狂的时刻，他甚至拿头撞向玻璃，撞得头破血流，他在脑中幻想出一个叫查尔斯的"室友"帮自己把桌子从高高的窗台上推了下去。

这个幻想出的“室友”在约翰·纳什焦虑万分的时候为他提供了强有力的支持和鼓励。但这也是他精神分裂的开端，查尔斯的性格与约翰·纳什的性格相差极大，却能够帮助他平息焦躁的内心。在约翰·纳什无意识的自我治疗之下，他的焦虑情绪获得了缓解。

直到约翰·纳什在酒吧中遇到了一个金发女郎，他的灵感在同窗们对这位金发女郎的追求中迸发。他几乎是一刻不停地撰写出了论文——“竞争中的数学”，他的研究理论大胆地推翻了现代经济学之父亚当·斯密一百五十年来牢不可破的理论。在他的理论获得认可时，纳什在人前不动声色地压制着内心的喜悦，而屋外喜不自胜、手舞足蹈的查尔斯才是他内心最真实状态的表现。

然而，获得了麻省理工学院教学工作的约翰·纳什对现状并不满足。在冷战时期，他渴望运用自己的科学知识为国家提供帮助。精神幻想给他提供了一个发挥自我优势的途径，在约翰·纳什的幻觉世界中，他因为过人的天赋被神秘的国防部官员“威廉·帕彻”招入麾下，帮对方破解敌人的密码。这项危险性十足的秘密任务要求约翰·纳什对别人绝对保密，约翰·纳什深深沉迷于此。

与此同时，约翰·纳什遇见了物理系的学生——美丽的艾丽西亚，两人迅速坠入了爱河，并步入了婚姻的殿堂。婚后，约翰·纳什不得不对艾丽西亚隐瞒自己的幻想，并且小心行事。由于年轻时就患有精神分裂症，接受“威廉·帕彻”提供的工作之后，他极度渴望实现自身的价值，彻底迷失在无法抵御的幻觉之中。

在一个传送密码的夜晚，他对自己的病症有了初步的认识：一闪而过的奔跑的双脚、对面楼上窗边清晰的人影、风吹动着巨兽一样的大树、街边奔驰而过的汽车，周围的一切都让他的精神恍惚不定。

不久，他的“室友”查尔斯携带着一个名叫玛茜的女性人格重新回到了他的内心世界，此时这个孤单、无助的女性人格正是约翰·纳什的内心写照。在查尔斯、玛茜、威廉·帕彻三种人格不断地纠缠下，约翰·纳什的精神分裂达到了极端状态，他迷失在幻觉世界中无法自拔。

经过诊断，约翰·纳什患上了妄想型精神分裂症。他沉浸幻想之中，区分不了现实和幻觉，更分不清真假，被幻觉牢牢控制的约翰·纳什吓坏了艾丽西亚。约翰·纳什给艾丽西亚带来的惊惧与伤害让她的内心开始了剧烈的挣扎，幸运的是，艾丽西亚仍然选择留在约翰·纳什身边，因为她觉得离开患病的约翰·纳什会让她产生罪恶感，她忍受着周围人异样的眼光，坚持爱着约翰·纳什。正是这份真挚的爱情照亮了约翰·纳什的幻想世界，让约翰·纳什在幻觉与假象的徘徊中看到了康复的希望，成功从崩溃的边缘挣扎了出来，重新回到现实生活之中。

电影的结局是完美的，主人翁约翰·纳什荣获诺贝尔奖，在事业上取得了成功，并拥有了美好的爱情。艺术源自生活，著名的博弈论大师约翰·福布斯·纳什正是电影主角的原型。这个二十岁就声名远播的天才被上天开了一个残忍的玩笑，在事业上如日中天的时候患上了精神分裂症。

病情最严重时，他拿着一份《纽约时报》走进麻省理工学院一间坐满教授的办公室里，对人们宣布他的研究结果：他通过手里的报纸可以收到一些可能来自宇宙的神秘信息，只有他一个人能够解读这些外星人的密码。他还曾蓬头垢面地行走在夏日的街头，人们对他唯恐避之不及。后来，他被确诊为严重的精神分裂症，经过了漫长的治疗，他的病情不断反复。他的妻子也因无法忍受而与他离婚，不过她始终没有放弃照料纳什，在她的精心照料下纳什渐渐康复，最终获得了诺贝尔经济学奖。

无论是电影的结局还是纳什的现实生活都令人感到欣慰。但电影中有一个场景却令人久久不能忘怀：患病的约翰·纳什在校友的帮助下回到了校园，他脑中幻想中的特工不断地对其进行嘲讽和刺激，处于崩溃边缘的约翰·纳什对着那位特工大喊大叫，纳什非常痛苦，可他无法摆脱困境。然而周围的人却感受不到约翰·纳什的痛苦，只是被他突然地大吼大叫吓得四散开来，冷眼看着这个精神病对着空气大嚷大叫。约翰·纳什看着周围冷漠的人们，他们的目光就如同锋利的刀片，狠狠地割向他疲惫的灵魂。这时的约翰·纳什是最孤独的，没有人能够帮他，没有人能对他的遭遇感同身受。每个精神分裂症患者都是孤独的，因为他所见到的东西是别人不曾见过的，他所感受到的痛苦是别人感受不到的。别人或是冷眼旁观，或是窃窃私语，抑或是毫不留情地嘲笑，都只会加深他的痛苦。

精神分裂症给人造成的痛苦是难以言说的，它的病因不明，却能够将患者的生活搞得乱七八糟，甚至会出现自杀行为，给患者的家庭带来了无尽的痛苦。

第二节 什么是精神分裂症

配音员在配音的时候，要使用不同的音色给不同的角色配音。在配音领域中，这可是配音员的必备技能。一部作品中，一个配音员往往要给很多角色配音，在剧情需要的情况下，配音员们要根据所配角色的性格使用不同的音色来表现人物，有时一个配音员甚至会使用两个不同的音色来呈现对手戏。

当配音员们进行配音的时候，他们完全沉浸在工作之中，并未意识到自己的“分裂状态”。然而在外人看来，他们的举动却像是一个精神分裂者在自言自语一样，是非常好笑又好玩的一种状态。虽然使用不同的音色是配音员的配音技能高超的体现，但毕竟只是用来形容人工作时的一种状态，而不是真正意义上的精神分裂。事实上，精神分裂症是一个需要我们严肃对待的问题。

精神分裂症，是一种精神疾病，也就是我们平常所说的精神病。精神分裂症是精神病中较为严重的一种，目前的医学水平还不足以使人们对精神分裂症的病因有明确的认识。精神分裂症多发于青壮年时期，持续时间比较长。主要特征为精神活动与环境不协调，患者的基本个性、思维、情感、行为等发生分裂，发病时会影响患者的情感和行为表现。

精神分裂症的临床症状具有复杂性和多样性。幻听、幻视、妄想、思维知觉扭曲、情感迟钝，这些都是精神分裂症的临床症状。不同患者所表现出的症状各不相同，同一个患者在患病的不同阶段所表现出的症状也有显著的差别，这些临床症状通常涉及思维、感觉、知觉、情感、认知功能及意志和行为等方面。

思维障碍

精神分裂症的核心症状是思维障碍，包括思维内容障碍和思维形式障碍。妄想是精神分裂患者较为常见的症状，有被害妄想、关系妄想、影响妄想、嫉妒妄想、夸大妄想、非血统妄想等。

被害妄想是患者总是感觉有人要害自己，比如总是怀疑自己被人监听了；怀疑自己被人跟踪；认为周围的人都不友善，随时会害自己。关系妄想则是患者坚信周围发生的一切都与他有关系，别人交头接耳或是窃窃私语都是在说自己的坏话，路口的红灯是对自己的故意刁难，别人的言论是对自己的有目的攻击等。影响妄想则是自己无法控制自身的行为，觉得自己总是被某种外界力量所支配，自己的情绪、思维、行动、意志受到了某种力量的操纵。嫉妒妄想是毫无根据地吃醋，在没有任何切实证据的情况下依旧捕风捉影，甚至进行离奇的猜想。夸大妄想则是夸大自身的成就，过度自负，自感高人一等；非血统妄想会无端地猜疑自己不是父母的亲生孩子，并长久地处于一种孤独痛苦的状态之中。

出现妄想症状的精神分裂症患者会做出防御或攻击性行为。曾有一桩惨剧：一名精神分裂症患者产生了妄想，在精神紊乱的状态下，持刀杀死了与自己同床共枕的妻子和两个年幼的儿子，唯独留下了一个小女儿，因为他觉得只有小女儿才是妻子和自己的孩子，两个儿子则是妻子出轨和别人生下来的。

感知觉障碍

在精神分裂症患者的许多症状之中，幻听最为常见。很多精神分裂症患者都会产生幻听的现象：在星光灿烂的深夜里听到夜雨拍打地面的声音；听到某些人在对自己发号施令或是对自己进行严厉的指责；还有一些较为严重的精神分裂症患者会受到其他幻觉的影响，如《美丽心灵》中的约翰·纳什就曾饱受幻觉的折磨。除此之外，幻听、幻视、幻嗅、幻味及幻触等症状的产生都是因为精神分裂症患者的感觉和知觉出现了障碍。

情感障碍

精神分裂症患者容易产生焦虑、抑郁、暴躁易怒、忽喜忽悲的情感状态。处于躁狂状态时，患者表现为异乎寻常地高兴、精力旺盛，讲起话来滔滔不绝，睡眠减少却不觉得累，整个人的状态十分亢奋，容易产生夸大妄想；处于抑郁状态时，患者就会情感低落、心态悲观绝望，记忆力和注意力都会有所下降，思维迟缓，行动也变得缓慢，食欲不振，精神萎靡等。

认知功能障碍

人们需要通过感觉、知觉、记忆等来收集相关信息传递给大脑，当感觉、知觉、思维、记忆等产生障碍时，认知功能障碍也就随之形成。很多精神分裂症患者会出现失语、失认、失用、痴呆、记忆障碍等症状，这些均属于认知功能方面的障碍。

意志和行为的障碍

有的精神分裂症患者会产生意志和行为等方面的障碍，通常表现为对身边的事物失去兴趣，回避与他人的交流，离群索居，丧失了对生活的热情和激情，原有的活力和积极性也会一扫而空，整个人萎靡、懒散，工作和生活丧失了目标。有的精神分裂症患者会做出一些常人无法理解的举动，有些患者会食用常人看来不可食用的东西，如土壤、肥皂、昆虫等；有的患者会与他人作对，让他站起身，他却躺着不动，让他睁开眼睛，他却把眼睛闭得非常紧；还有患者则会模仿他人或是其他物体，有时会认为自己是一朵蘑菇或是其他动植物。

精神分裂症按照临床症状可分为以下几种类型：

偏执型

妄想是偏执型精神分裂症患者的主要表现症状，患者往往敏感多疑，会有被害妄想和关系妄想等症状，而且具有强烈的不安感，容易产生幻觉，怀疑自己被他人监视、监听并被他人所针对和排斥等，还会有嫉妒妄想、影响妄想等症状。

单纯型

单纯型精神分裂症经常发病于青春期，患者不会出现幻听、幻觉、妄想等症状，其症状往往表现为情感淡漠、性格孤僻，会出现逃避与他人交往的离群索居行为。

紧张型

紧张型精神分裂症患者一般发病较急，部分患者病情缓解迅速，其主要表现为紧张综合征，患者会面无表情，拒绝饮食，全身肌肉处于极度紧张的状态，行为刻板僵硬，随意性举动丧失，整个人处于断线的状态。

青春型

青春型精神分裂症多发于青少年时期，会产生暂时性的妄想和幻觉，发病较急。患者会出现一种亢奋的状态，往往能够出口成章，出现行为活跃，情绪高涨等临床表现。

混合型

混合型精神分裂症患者不同于以上的四种类型，它拥有以上四种中某一种的部分症状，或是混合了以上四种类型的某些症状，但又不能归于以上任何一种。

其他

这一类型包括残留型、慢性衰退型、晚发性精神分裂症等，同时，还包括精神分裂症急性期之后所产生的抑郁症状。这些类型的患者往往会性情大变，或是社会功能明显衰退。

第三节 ┃ 精神分裂症与多重人格障碍

随着科技和社会的迅速发展，我们的生活发生了很大的改变，各种问题也层出不穷，其中，最为突出的便是现代人类的精神健康问题。近些年来，随着生活和工作压力的不断增加，患上精神病的人数也随之不断增加。

在现代社会中，很多人对于精神分裂症和多重人格障碍认识不足，常常把这两者混为一谈，认为精神分裂症就是多重人格障碍，其实这是一种错误的看法。精神分裂症是最为常见的一种精神疾病，而多重人格障碍又称为人格分裂、解离性人格疾患，是心理疾病的一种。

患有精神分裂症的患者会有思维、情感、意志、举动等不协调的表现，对于正常的事物有着歪曲的认知，某些行为也异于常人，他们情感冷漠、思维紊乱、行动迟缓，无法与他人进行正常的对话，更无力维持正常的人际关系，与现实社会脱节，容易产生幻觉，并沉浸在幻觉的世界里，分不清现实和幻觉的区别，严重的患者甚至失去行为能力，可能会卧床不起、口水直流、拒绝饮食。

曾有一则报道称，一个患有精神分裂症的患者在病发时，将自己年幼的孩子从楼上扔了下来。事情发生的时间在夏日午后，当时患有严重精神分裂的张女士正在家里睡午觉，年仅四岁的儿子阿平在无人照看的情况下走进张女士的房间。没过多久，楼下乘凉的人们看到张女士从窗户处扔下了一个东西，直到这个东西快摔到楼下时，人们才发现是个孩子。当人们惊慌失措地赶过去后，却为时已晚，由于楼层太高，年幼的孩子在落地的时候，头部受到了严重的撞击，抢救无效身亡。

据了解，家里人因为害怕张女士突然失控会伤到孩子，平时都是由外公外婆带着孩子，但由于外公外婆今天有急事要办，孩子就被接到了家里，谁知却发生了这样的惨剧。一家人看着没了气息的孩子哭得肝肠寸断，患病的张女士却对此毫无知觉，因为她的感知能力受到了损伤，对自己的行为也没有任何意识。

有张女士这种完全不认识旁人的患者，也有即便患病也依然记得保护好自己孩子的患者。有一名女性精神分裂症患者曾经因为产生被害妄想，总觉得有人想要谋杀自己的孩子，焦虑和幻觉牢牢地控制了她的思维，极度担心孩子的她大半夜不睡觉，将床单撕成条状，结成绳子从楼上跳下来，在夜色中狂奔数十里地，跑到孩子的学校里去保护孩子的安全。即便患病也没有剥夺这位母亲对孩子本能的关爱，这一点令人为之动容。

多重人格障碍则与精神分裂症有着极大的区别，也非常罕见，与精神分裂症相比较而言，人类患上多重人格障碍的概率是非常低的。

如果说，每个人都拥有自己独一无二的人格，那么，多重人格障碍就是一个肉体多个人格。有资料表明：一个多重人格障碍患者可能会拥有 13—15 个不同的人格，也就是说，这些人格全部寄居在同一个躯体内，它们使用同一个躯体进行活动，并且每个人格都是独立的。

患有多重人格障碍的人的人格可以来回切换，轮流使用同一个躯体。有些患者在进行人格切换后会拥有他原先不具备的技能。比如，有个患者本来一只眼睛是看不见的，可当他切换到另外一个人格的时候，他的双眼视力却是正常的，视物也极准；还有患者本来不会说其他语言，一旦切换了人格之后，对于自己原本根本不知道的并根本没有学习过的语言却能够灵活地运用。

在周星驰拍摄的电影《大话西游》中，朱茵所扮演的女主角紫霞仙子就出现过两个人格使用同一个躯体的状态，本是灯芯化身的她和师姐人格共用一个躯体。她的身体内藏着青霞的人格，两个人格切换的速度非常快，往往在至尊宝没有任何防备的时候就发生了人格切换的情况，经常让至尊宝措手不及。至尊宝应对两个迥然不同的人格时往往手忙脚乱。

多重人格障碍中还有核心人格与非核心人格的说法，如电影《大话西游》中的师妹紫霞是核心人格，师姐青霞则为非核心人格。

其实，每个多重人格障碍患者都有一个核心人格，当核心人格产生极端的无助、抑郁、消极情绪时，核心人格就会沉睡，切换成非核心人格，做一些核心人格平时不敢做的事情。一个饱受父母家暴折磨的小女孩患上了多重人格障碍，在被家暴之后失去了意识，等她醒过来的时候，她看到了躺在血泊中的父母。屋子里没有其他人，杀人的凶器还在她的手上握着，然而，她对自己杀害父母的过程却没有任何记忆。

在核心人格无法保证自己安全的时候，强势的非核心人格就会蠢蠢欲动。小女孩在惊恐万分的状态下极度渴望被救赎，但是没有人可以帮助她，她只能自寻出路。这时，她体内的非核心人格就会趁机站出来，并做出了剧烈反抗，进而杀死自己的父母，这一举动也是非核心人格的一种自我保护。

多重人格障碍的人格未必像电影《大话西游》中的紫霞和青霞一样闹得不死不休，事实上，不同的人格也是能够和平共处的。

著名的英国女艺术家 Kim Noble 是一名非常罕见的多重人格障碍患者，她在 14 岁时就被医生诊断为精神疾病患者，20 年后，英国的医生才纠正了这个错误诊断，将其确诊为多重人格障碍。

在这 20 年中，Kim Noble 一直饱受病痛的折磨，极端痛苦的她在 2005 年听从一位艺术治疗师的建议，开始用画画来缓解自己的痛苦。幸运的是，Kim Noble 体内的十二个人格在绘画方面都有着超乎常人的天赋，但不同的人格画出的作品风格全然不同，有的人格喜欢抽象派；有的人格喜欢印象派；有的人格画风明朗清丽；有的人格画风阴郁低落。

Kim Noble 还举办了自己的画展，同一个人所作但风格迥异的作品引起了人们的兴趣，Kim Noble 很快便声名远播。通过绘画的方式，Kim Noble 将身上不同的人格紧密地联系在了一起，最终获得了成功。

Kim Noble 的事例也说明了即便患有多重人格障碍，患者依旧能够维持正常的人际关系，并进行正常的工作和生活。

一部分精神分裂症患者在经过一段时间的治疗之后，能够保持痊愈或基本痊愈的状态，同样也能够继续工作和维持正常的生活。

精神分裂症患者患病的原因可能是心理因素、环境因素和遗传因素等共同作用的结果，而多重人格障碍患者患病的原因大多由于年幼时期遭受了极端痛苦的虐待，导致精神受到了严重的创伤，最终出现了其他的人格。

第四节 《黑天鹅》——不疯魔不成活

弗洛伊德认为：所有的人，不论是否患有精神病，都有一些为我们意识所不容的欲望，事实上我们有意将这些欲望隐藏或压抑起来。尽管如此，这些欲望恰恰因压抑而不再受到意识的监视和记忆衰退的影响，从而保持了其积极的活力。我们的生活中有约定俗成的风俗习惯，有金科玉律般的法律条文，有不可违背的自然法则。在这些条条框框构成的规矩内，人们的欲望是处于被压抑的状态的。也就是说在清醒时，人有意识的压抑着这些欲望，但在睡眠时，意识程度下降，压抑力量减小。

中国是一个讲究含蓄的国度，朦胧和内敛在中国的传统文化之中占据了很重要一部分，一个“忍”字更是在中国传统文化中占有举足轻重的地位：“善忍雕琢之痛，方成君子之器；善忍当下不公，方成明朝之业；善忍小人之恶，方成菩提之善”“小不忍则乱大谋”“忍一时风平浪静，退一步海阔天空”等。所谓的“忍”，就是压抑内心的真实感受。受传统文化的影响，中国人的感情讲究的是内敛而非外显。更多的人在无意识的情况下，以“忍”来打磨自我。

作为生活在社会中的个体，人的欲望和行为难免会受到一定的束缚，尤其是在当今社会中，在科技和经济都飞速发展的同时，人们各方面的压力也与日俱增。然而人们的心理承受能力却是有限的，这才导致了许多人患上了各种各样的精神疾病和心理障碍。

电影《黑天鹅》讲述的就是一个芭蕾舞者面对重压而产生了精神分裂，最后完成自我蜕变的故事。

电影中由娜塔莉·波特曼扮演的主角妮娜是一名出色的芭蕾舞演员，与母亲相依为命，28 岁的她年轻、漂亮，几乎是被妮娜的母亲在无菌温室中培养出的一朵娇弱的花，不曾经历过风雨摧折，干净得似乎有些过分。妮娜的母亲也曾是一名芭蕾舞者，为了生下妮娜，她不得不放弃自己的事业，在她看来，情爱与肉欲对事业的打击是致命的，为了避免妮娜重蹈覆辙，她对妮娜的控制几乎到了疯狂的地步。妮娜的房间被她布置得像一个少女纯洁的梦境，视线所及的地方全都是粉色和白色，房间里各种各样的绒布娃娃随处可见，睡觉还要放上一个可爱的八音盒，就连妮娜剪指甲、脱衣服这样的寻常小事她也要亲手操办。在她病态的控制之下，妮娜的精神世界无比脆弱。

随着芭蕾舞团的标志性人物贝丝的被迫隐退，编剧托马斯宣布要选出一个新的天鹅皇后来同时演绎白天鹅与黑天鹅这两个角色。每个人都有想得到的东西，纵使单纯的妮娜也不例外，当前的角色就是她梦寐以求的。在贝丝怒不可遏地砸掉自己的化妆间离开后，妮娜来到了这里，偷走了贝丝的一支红色的口红。

参选时，妮娜十分紧张。跳白天鹅，妮娜的优秀是毋庸置疑的，她的状态就像那个被施咒化作天鹅的少女，纯洁、无助、脆弱、迷茫。然而，黑天鹅的性格却与白天鹅有着强烈的反差，黑天鹅魅惑、性感，是邪恶的化身，是善良单纯的妮娜不曾接触过的世界，也是被妮娜深深压制的本性。虽然妮娜的每一次舞蹈都力求做到尽善尽美，但在编剧托马斯看来，妮娜的表演是做作而压抑的，她的舞蹈缺少了一种激情和灵性之美。

新来的莉莉让妮娜压力陡增，莉莉与妮娜是全然不同的人，莉莉活得恣意潇洒，对生命满怀热情。妮娜本能地意识到莉莉是她最大的威胁。此时，妮娜的精神已经极度紧张，脆弱到经不起一点挫折。重压之下，妮娜的精神出现了问题。

在回家的路途上，妮娜在地铁的甬道中发现了对面向她走来的一个女人，和她有着相同的面孔，与妮娜不同的是，这个女人一袭黑衣，性感魅惑，正是妮娜的内心深处渴望成为的风情万种的女人。

出于对角色的渴望，妮娜打扮得非常靓丽，去了托马斯的办公室毛遂自荐，托马斯强吻了妮娜，妮娜一改乖巧的脾性，本能地咬了回去，正是这一举动，让托马斯看到了妮娜内心潜藏的黑天鹅特性，也帮助妮娜获得了这个角色。然而，排练并不是很顺利，由于压抑了本性，妮娜的黑天鹅始终跳不出魅惑动人的感觉，同事的责难、贝丝的车祸、自身的无助让妮娜痛苦不堪，空无一人的排练室中，妮娜忍不住哭了出来。

这一幕恰巧被莉莉看到，她立即走到妮娜身旁轻声安慰妮娜。莉莉的劝慰虽然及时，却并没有起到很好的效果。妮娜的精神分裂更加严重了，她常常陷入幻觉之中，在幻觉中不仅自己背上的伤痕越来越明显，还看到手上经常莫名其妙地出现伤口，这正是妮娜的本能不断冲破压抑的征兆。

回家之后，母亲病态的控制让妮娜产生了逆反心理，她和上门致歉的莉莉一起去了酒吧。此时妮娜的理智不再处于上风，压抑的本性也得到了释放。醉酒的妮娜回家后和母亲发生了剧烈的冲突，并见到了分裂出来的自己——黑衣的妮娜，撒旦的宠物，邪恶而魅惑，神志不清的妮娜用枕头闷住自己，失去了意识。

醒过来时天已大亮，妮娜迟到了，她发现自己的角色正被莉莉跳着，而且莉莉的表现非常出色，令托马斯连连赞叹。妮娜不再纠结于内心的本性和被压抑的自我，回去之后她愤怒地丢掉了所有的玩偶。在练习室的镜子里，妮娜频频出现幻觉，她发现自己内心分裂出来的黑衣妮娜出现的次数越来越多。

得知莉莉做了自己的替补之后，妮娜更加惶恐，出现了严重的幻觉，回家之后甚至从自己背上的伤口处揪出了黑色的羽毛。在母亲询问时，妮娜与她发生了激烈的争执，疯狂地用门夹伤了母亲的手。

演出前托马斯对妮娜说：“你才是自己最大的敌人，是时候抛开一切，打破禁锢了。”这话像是一声发令枪响，指挥着妮娜释放被压抑的本能。准备上场的时候，妮娜甚至发现自己的左脚像蹼一样，脚趾连在了一起。演出中，妮娜的幻觉更加严重，以为莉莉联合男舞者故意害她。

休息时，妮娜在化妆室与幻想中的莉莉因为角色问题发生了剧烈的肢体冲突，并用镜子的碎片刺死了幻觉中的莉莉。实际上她刺死的那个人不是莉莉，正是压抑的自己。不再压抑本性之后，妮娜的黑天鹅跳得非常精彩，二十五个旋转之后，她甚至看见自己长出了乌黑靓丽的羽翼，全场观众被她的表演所感染，掌声雷动。

回到化妆室，妮娜看到活生生的莉莉前来道贺时，震惊到了极点。这时，她才发觉被刺伤的是自己。抠出体内的碎镜片后，妮娜忍痛上场，在高亢悲壮的音乐中完美地诠释了白天鹅的死亡，无助脆弱的妮娜也走向了死亡。

妮娜在所接受的教育与本性的剧烈冲突中，承受的痛苦是常人无法想象的，她将自己融入了角色之中，为之疯狂，所以她才在谢幕时说她感同身受，说她看到了完美。因为她释放出了本性中那只魅惑性感的黑天鹅。

精神问题的产生，与被压抑的本性有着密不可分的关系。施压的力量越强，反弹的后果就会越严重。现代的医学研究水平虽然并没有充分的资料和确切的证据来论证精神分裂症患者患病的主要原因，但人生活在社会这个大集体之中，一举一动都和这个世界息息相关，平时感受到的情绪和所承受的压力都来自自身的生存环境与内心的心理活动。

每个人的心理和精神都有一个临界点，也就是说，能承载的压力与负面情绪都是有限的。在合理的范围内，积压的情绪或是生活中的压力对我们本身产生的影响是有限的，但是，当一个人内心积压的负面情绪或承受的压力过多，且不能够通过正常的渠道发泄出来时，就会产生心理或精神问题。

所以，我们应该试着给自己的心理减负，只有心理和精神的状态保持最佳，我们面对生活中突如其来的打击和磨难时，才不会失去理智，而能镇定自若地渡过生活中的各种难关。

第五节 《91厘米之外》——亨利的错位人生

20世纪美国最重要的作家之一卡森·麦卡勒斯曾说："没有人能摆脱掉孤独的影子，孤独是绝对的，最深切的爱也无法改变人类最终极的孤独。绝望的孤独与其说是原罪，不如说是原罪的原罪。"和其他人相比，患有精神分裂症的患者更是孤独地生活着。由于精神分裂症患者的患病原因不尽相同，各个患者的临床症状也具有复杂性和多样性的特点，并且患者的年龄也有着较大的差别，有的患者在青春期发病，有的患者发病时正处于青壮年期，还有的患者是中老年时期发病，发病时会造成患者社会功能受损，进而影响正常的工作和生活。

16岁的小罗患上精神分裂症的时候还只是一名在校高中生，小罗的性格较为内向，平时不怎么跟同学交流，也没有什么朋友，一门心思扑在学习上。然而，偏科是她无法逾越的障碍，由于这个原因，分班时她选择了文科。但是，新的班集体并没有给小罗的生活带来太大的惊喜，她依旧不善跟人相处，而且喜欢独来独往。

由于新的班集体抱团现象非常严重，没过多久，不善交际的小罗就发现自己被班里的女生所排斥，同学们轻蔑的眼神、冷嘲热讽的语气都给了小罗莫大的压力。分班后，学业压力的加重更令小罗的精神处于高度紧张的状态，小罗常常产生力不从心的感觉，睡眠质量也严重下降，很快，失眠就成了困扰小罗的一个严重问题。

失眠最严重的时候，小罗几乎是整夜翻来覆去地睡不着觉。宿舍的女生因为小罗半夜总翻身，打扰他人休息，频频与小罗发生争吵。尽管晚上不能够得到充分的休息，可小罗一点也不敢偷懒，白天仍旧拖着疲惫的身体上完一整天的课。另外，食欲严重减退也让小罗万分苦恼。

她只想赶快结束痛苦的高中生活，到一个新的环境，也许一切就会变得好起来。抱着这种念头小罗更加努力了，然而她的病情却越来越严重。不久，小罗发现自己出现了幻听的症状，会有很多人跟她说话，有认识的有不认识的，小罗都会与他们进行交谈。

此时，小罗的情绪也开始有了很大的变化。之前的小罗自控能力比较强，很少发泄情绪，但如今却全然不同，她变得暴躁易怒，且喜怒无常，并常常与他人发生争吵。老师向小罗的父母反映了这个问题，小罗的父母却认为小罗的精神并无问题，只是学习压力过大而已。

由于父母的忽视，小罗的病情变得更加严重了，她的情绪控制能力也在大大下降；她总是反应迟缓，常常会莫名其妙地大哭不止，还总是自言自语。精神恍惚的小罗甚至在幻觉的诱导之下出现了自杀行为，幸好被他人及时阻止了。这时小罗的父母才意识到问题的严重性，连忙带着小罗去医院诊治，医生通过一系列的诊断，判断小罗患上了精神分裂症。

小罗的父母根本没有办法接受乖巧的女儿成了别人嘴里的“疯子”“精神病”，换了好几家医院得到的都是同一个诊断结果，小罗的父母终于接受了女儿精神分裂的事实。于是，他们便让小罗休学了，带着她积极就诊。经过一年多的贴心看护和积极治疗，小罗的精神疾病渐渐痊愈了，她又重新开始了正常的学习和生活。

家人的陪伴和呵护是小罗康复的重要因素。每个人生活在世界上都需要他人的理解和认同，但由于生长环境不同，接受的教育不同，人生经历也不同，所以我们很难完全体会到他人的感受。这也正印证了那句“汝心非吾心，所感两相异。日暮归途穷，欲告亦无力”。

每个人都曾体会过不被他人理解的疲惫和痛苦，然而精神分裂症患者的痛苦和绝望却是加倍的。精神分裂症患者的世界是我们无法理解的，很多在我们看来是幻想甚至是我们想象不到的事情，在精神分裂症患者的世界里却是真实存在的。紊乱的精神状态使他们分不清现实和幻觉，任何事情对他们来说都是真实的，恐惧的感受也被无限放大。这都是我们没有办法感同身受的，换位思考更是无从谈起。

在法国导演 Jérémy Clapin 在 2008 年拍摄的一部动画短片《91 厘米之外》中，我们能够看到一个精神分裂症患者的孤独、绝望与无助。

《91 厘米之外》又名《精神分裂》，这部动画短片讲述了一个荒诞的故事，短片开始是主人公亨利在向心理医生讲述自己的病情：

在一天晚上，亨利在窗前目睹了一颗 150 吨重的陨石击中了对面楼上的天线，那颗陨石同时也击中了亨利的精神，并对他造成了精神伤害，将他的意识和身体击出了 91 厘米的偏差。灵魂离开身体 91 厘米是什么样的感觉呢？也许除了亨利没有人能够完全体会到。

电话、椅子、电视、墙壁、门、马桶，他想触摸的一切物体都与他有着 91 厘米的偏差。在家里的时候，他经过一系列的计算还能够维持正常的生活，但到了工作单位时，91 厘米的偏差却给他带来了巨大的困难。他的行为看上去怪异极了，根本不能正常工作。

无奈之下，他只好求助心理医生，想要得到心理医生的帮助，消除这 91 厘米的偏差，但心理医生根本就不相信他所说的，帮助更无从谈起。

亨利只好自力更生，他通过一系列的观察发现了痊愈的机会，有一颗陨石正要降落在地球上，他计算了陨石的降落地点，并驱车赶了过去。然而，不幸的是，这颗砸下来的陨石不仅没有帮他消除那 91 厘米的偏差，反而使他向下沉降了 75 厘米。

亨利被黑暗重重包围，在沉重的黑暗中，他无助而痛苦地呐喊和哭诉：“我在这儿，我在这儿……”没有人能够看见偏差了 91 厘米的亨利，更没有人能够帮助他。心理医生的冷漠，同事的冷眼旁观，母亲的责备都令亨利不堪忍受。最后，亨利在痛苦和无助中选择了跳楼自杀，离开这个无法理解他的世界。

导演在片尾说：“谨以此片献给那些和我一样不被他人理解的人们，其实，我们没有做错什么，却要遭受上天的责难，与他人有着无法逾越的隔阂，不知如何克服、如何沟通。”

根据许多精神分裂症患者对自身临床症状的描述我们可以发现，精神分裂症对人的摧残和打击是非常残酷的，它扭曲了一个人的世界观，严重地破坏了一个人的思想、情感和行为，损害了一个人的工作、学习和生活能力，对一个人的自尊心构成了毁灭性的打击，病人患病后所经历的精神煎熬往往是苍白的语言与文字无法准确描述的。患有精神分裂症的患者有时不仅要忍受疾病的折磨，还要面对他人异样的目光。

网络上曾流行过这样一组漫画：一颗穿着内裤的蛋走上了街头，但它看到街上形形色色的蛋们都是将内裤戴到了头上。因为它的特殊打扮，它被所有的蛋排斥，并被其他蛋指指点点，成为蛋们非议的对象。为了避免这种情况，它将内裤戴到了头上。当它再一次上街时，却发现所有蛋都将内裤好好地穿在身上，只有它将内裤戴到了头上，并再次受到了其他蛋的嘲笑和讽刺。

在现代社会中，人们的包容度有时并没有想象中那么大。因为在很多人的观念之中，精神分裂症患者的代名词永远都是“精神病”“疯子”，有人甚至会用“变态”一词来形容精神分裂症患者。这不仅是对精神分裂症缺乏认识，更是用带有偏见的眼光去看待精神分裂症患者。而很多精神分裂症患者的家属对于患者的态度都是唯恐避之不及，更不用说关心与照顾了。

精神分裂症患者比常人需要更多的关爱，因为他们患病时所感知的恐惧是他人无法感同身受的。许多精神分裂症患者之所以难以康复，就是因为家人没有对其付出更多的照顾和关爱，总是用对待疯子的方式来粗暴地对待他们，才导致了精神分裂症患者痊愈无望，度过余生。

有些精神分裂症患者对于自己的病情认识不足，不承认自己患上了精神分裂症，对于家人让他吃药看病的行为都非常反感。还有的病人明知道自己患上了精神分裂症，但担心被他人歧视，干脆不与他人交流，把自己关在家里，哪里也不去，沉浸在幻觉的世界里无法自拔。

精神分裂症虽然是较为严重的精神疾病，但绝非洪水猛兽，它是有可能治愈的。许多精神分裂症患者在接受治疗之后，完全能够重新开始正常生活，并且活得更加精彩。所以，在面对精神分裂症患者时，我们应该摒弃偏见，以包容和理解的态度对待他们，避免造成短片中主人公亨利的悲剧。

第六节 精神分裂症的自我治疗与调整

在你的印象之中，精神分裂症患者是怎样的存在呢？邋遢？危险？神智失常？不可控制？相信很多人对于精神分裂症患者的认知都是负面的。很多人并没有接触过精神分裂症患者，但依旧对这个特殊的群体没有什么好感，因为在无形之中我们接受了太多关于精神分裂症的负面看法。

在现代社会中，有很多关于精神分裂症的负面新闻，如“精神分裂症患者自杀”“精神分裂症患者杀人事件”等。为了博人眼球，新闻报道总是将精神分裂症患者刻画得十分危险，但精神分裂症患者并不是天生就精神分裂、神智失常的，他们也曾有过正常美好的人生，只是生活中太多突如其来的挫折和磨难令他们措手不及，才罹患了精神分裂症。

并不是每一个精神分裂症患者都像一只处于战斗状态的豪猪，充满攻击性，总是竖起浑身的棘刺，时刻准备着毫不留情地攻击周围的人。有的患者会出现自己变成一个容器的幻觉；有的患者则出现被人监听甚至迫害的幻想；有的患者则认为自己是耶稣，无所不能。接受过高等教育的精神分裂症患者可能会产生涉及科学的幻觉，没有接受过教育的人产生的幻觉则可能是民俗文化中的神仙鬼怪等。事实上，由于每个人的经历不同，接受的教育不同，成长环境也千差万别，所以不同的精神分裂症患者所表现出的症状也各不相同。

偏执型精神分裂症容易出现幻听、幻视、幻嗅、幻触等症状，严重的还会出现妄想症状。在患者认为自己被人监听、迫害甚至被威胁到生命安全的时候，他们才会出现“自卫”伤人的情况。

单纯型精神分裂症的主要表现为痴呆，其症状为思维迟缓、行动缓慢、注意力不集中、丧失生活乐趣等。他们虽然孤僻冷漠，但不会产生幻觉和妄想，容易失眠和精神衰弱，体重也会骤减骤增。

青春型精神分裂症患者的行为和情感变化较为明显，一般表现为大喜大悲、喜怒无常、自言自语、做鬼脸、玩弄粪便、吞食苍蝇等举动，这在常人看来是难以接受的。该类型患者虽然也可能会产生妄想和幻觉，但出现的幻觉和妄想较片面、简单。其生活往往不能自理，需要家人的帮助。

紧张型精神分裂症患者像木偶、雕像般，虽然意识处于清醒状态，但不吃、不动、不说话，任人摆弄四肢而毫不反抗，也就是我们常说的木僵状态。有时还会出现情绪兴奋、躁动不安的状况，甚至破坏物体或伤害他人。

很多患有精神分裂症的病人内心世界充斥的都是孤独与绝望，因为不被理解，害怕被他人歧视和区别对待，有的精神分裂症患者甚至出现了逃避人际交流的行为。然而这样的行为对精神分裂症患者的康复不仅没有任何帮助，反而不利于精神分裂症患者自身的痊愈。

在现代社会的飞速发展之下，每个人所面临的压力都在与日俱增，人们对精神状态和心理健康的忽视也使得患上各种精神疾病与心理障碍的概率大大增加。对于精神分裂症，我们应该端正自己的态度，时刻注意自己的精神和心理状况，及时纾解自己的负面情绪，避免被精神和心理问题所侵扰。患者应该积极配合医生的治疗。医学专家总结了精神分裂症患者自我疏导和治疗的多种方法，在日常生活中，患者可以结合以下的自我治疗方法辅助正规治疗达到早日康复的目的。

注意转移法

很多时候，我们的精神状态不好往往跟消极情绪有着莫大的关系，当我们情绪不佳时，可以看一些温馨治愈的影视作品或文学作品来转移注意力，也可以听一些舒缓的音乐来调整自己的精神状态和排解内心压抑的负面情绪。

微笑转移法

实验证明，当一个人情绪低落的时候，在脸上堆出的笑容虽然是自欺欺人，但这一举动对我们的低落情绪有着明显的调节作用。当我们的情绪得到控制时，病情也就相应地受到了抑制。

行动转移法

很多女生失恋或是心情不好的时候会通过逛街、购物、吃零食的方式来排解自己的情绪，这的确是一种非常有效的方式，所以精神分裂症患者完全可以通过新的工作或是行动来抵制负面情绪的侵袭。

语言调节法

有人把“莫生气”的字画挂到墙壁上来控制自己的暴躁情绪，这一做法也有着显著的效果。当一个人想生气的时候，看到那幅“莫生气”的字画，怒气就会逐渐平息。在电视剧《武林外传》中，郭芙蓉也用“世界如此美妙，我却如此暴躁，这样不好，不好”的语言暗示来缓解自己的暴躁情绪，精神分裂症患者可以通过这种方法控制病情。

对社会中的歧视现象有所准备

精神分裂症对于患者自尊心的打击几乎是致命的，因为对精神分裂症缺乏正确的认识，很多人都对精神分裂症患者抱着恐惧、回避或歧视的心理，很多患者自己都很难接受自己患病的事实。所以，精神分裂症患者对于身边可能产生的各种歧视现象和异样目光要有充分的心理准备，才能更好地消解社会上的各种异样目光和歧视所带来的压力。

找准自己的定位

精神分裂症病情无论轻重，都会对患者的社会功能造成一定的损害，不要给自己太大的压力，更不要为自己定下难以企及的目标，宁可在微小的成功之中积累喜悦，也不能盲目乐观而迷失了自己的心智。

与他人攀比的行为更是禁忌，只要做自己力所能及的事情就好，并在成功的喜悦中培养自己对生活的乐观态度和对未来的希望。

另外，精神分裂症患者可以在家人的陪伴下多做一些公益活动，比如去敬老院献爱心，或者帮助残障儿童、孤儿等力所能及的事，抑或捐款来帮助他人。通过帮助别人来证明自身存在的价值，成为一个对他人有用的人。赠人玫瑰手有余香，在为他人提供帮助时所获得的喜悦与满足是任何事情都无法取代的。只有肯定了自己的价值，患者面对未来的生活才能更有勇气和自信。

艺术训练

艺术不仅能够帮助精神分裂症患者抒发内心的情感，还能够熏陶患者的心灵，像音乐、舞蹈、绘画等艺术在帮助患者与现实生活接轨方面有着重要的作用。那些孤僻、冷漠、木僵的患者，也许对他人的言行不会做任何的反应，但却能被音乐和舞蹈所触动。

除了自我治疗与调整，精神分裂症患者在饮食方面也应该有所顾忌，高热量饮食、酒、海产品等容易对患者精神造成刺激的食物一定要进行控制。

精神分裂症患者终究是孤独的病人，是这个社会的弱势群体，需要更多的耐心和关爱。如果放任精神分裂症患者生活在孤独与幻觉之中，只会造成更多的悲剧。所以，精神分裂症患者家属们的关怀和陪伴是必不可少的，毕竟爱才是消除孤独和战胜疾病的最强大武器。

第二章 02

各种人格障碍

——被扭曲的人格

第一节 表演型人格障碍——请你关注我

当今社会，很多人都喜欢追星，有的人喜欢安吉丽娜·朱莉、安妮·海瑟薇这类风情万种的大美女；有的人喜欢汤姆·克鲁斯这类铁骨铮铮的硬汉；有的人喜欢杨洋、鹿晗这类清新可爱的明星；也有的人喜欢运动明星。那么，我们喜欢一个明星或是一个人时，我们所喜欢的究竟是什么呢？仅仅是漂亮的容貌、性感的身材或出众的演技吗？恐怕只有这些是不够的。放眼娱乐圈，很多明星虽然也有着出众的容貌、完美的身材，依然会被网友抹黑。看来，仅凭外貌和身材是不足以令大众喜欢的。

我们真正喜欢一个明星或是喜欢一个人时，除了外貌特征以外，征服我们的还有他们的人格魅力。日常生活中，当我们要对一个人表达崇拜时，我们会说："我好喜欢你啊，整个人都被你的人格魅力给征服了。"那么，什么是人格呢？人格就是一个人的性格、气质、能力等特征的总和，也指个人的道德品质和作为权利、义务主体的资格。每个人的遗传基因不同、成长环境不同、所接受教育的不同、生活经历不同，在各方面因素的综合作用下，每个人形成的人格也千差万别。世界上没有完全相同的两片叶子，也没有完全相同的两个人。在社会生活中，人与人之间的联系日趋紧密，人际交往更是人们必须开展的日常活动，一个人在社会中能够受到众人的欢迎、喜爱、赞赏，与个人出色的人格魅力是分不开的。

生活中我们也曾听到有人抱怨和责骂他人时说："你是不是人格不健全啊？"虽然有的人并不知道人格不健全是什么意思，但会本能地反驳这样的责难。人格不健全这一说法并不是没有科学依据的，事实上，人格不健全即为人格障碍，是一种心理障碍。

表演型人格障碍，又称寻求注意型人格障碍或癔症型人格障碍，是一种以过分感情用事或夸张言行来吸引他人注意为主要特点的人格障碍，女性发病率约为男性的两倍。具有表演型人格障碍的人心理发育不成熟，天真幼稚，以自我为中心，喜欢夸大事实，讲话真假参半，爱好社交和自我表现，思维肤浅，不擅长逻辑思维，因为害怕看到内心深处的脆弱，所以喜欢用过分的热情和外露的情绪来吸引他人的注意力，来平衡内心的恐惧。

他们缺乏客观的自我认识，总以他人的目光来进行自我评判。他们对于自己的外表十分关注，在行为举止上常带有挑逗性。平时情绪外露，表情丰富，喜怒哀乐皆形于色，矫揉造作，易发脾气，喜欢得到别人的同情和怜悯，情绪多变且易受暗示。对别人要求多，不大考虑别人的利益。

据专家分析，表演型人格障碍的成因与家庭环境有着密切的关系，童年时期，如果父母过度溺爱、保护子女，容易造成表演型人格障碍。

表演型人格障碍的表现通常有以下几个方面：

引人注意，情绪带有戏剧化色彩

爱出风头、情感表现逼真，行为举止过分夸张做作，甚至会通过装腔作势来吸引别人的目光。

高度的受暗示性和幻想性

容易自我暗示和被他人暗示。爱幻想，当现实不能够满足他们的心理需求时，便通过幻想的方式来激发内心的情绪体验，以达到自我满足的目的。

情感易变化

情感丰富，但喜怒无常，容易大喜大悲，对于生活微小的刺激反应过度，让人有大惊小怪、装腔作势之感。

玩弄别人以达到自我目的

任性、自私，为了达到自己的目的不惜撒谎欺骗他人，或是对他人大献殷勤。情绪过激时会以自杀来威胁他人。

高度的以自我为中心

享受被他人关注的感觉，喜欢被别人夸奖和赞美，听不进任何的批评指正，为了达到自己的目的，全然不顾他人。

性心理发育不成熟

性冷淡或对性过分敏感，女性患者往往通过天真的搔首弄姿来展示性感，用过分娇羞的样子来诱惑、勾引他人而不自知。

患有表演型人格障碍的人可以通过以下几种方法来进行自我治疗：

提高认识

正确认识自己，正视自身的人格缺陷，避免自我膨胀和放任自流。不要过分自夸，也不要试图通过讲俏皮话、转移中心话题的方式来寻求他人的关注，注意扬长避短，适应社会环境。

情绪的自我调整

不装腔作势，不无病呻吟，不大惊小怪，正确地表达自己的情绪，拒绝无意识的情绪夸张表现。自然适度地表达自己的情绪和感受，避免将情绪戏剧化。

升华法

表演型人格障碍患者喜欢追逐他人的目光，吸引他人的注意力，情绪带有戏剧化色彩，演技逼真且富有感染力，被称为“最伟大的模仿者”，将这种特长投放到表演艺术中或许能有所成就，实现有效的自我完善。

第二节 妄想型人格障碍——人贵有自知之明

小唐和男友小周相恋两年了，小唐至今记得和小周初见的画面：春暖花开的季节，阳光正好，穿着格子衬衫的小周坐在公园的长椅上等她，被人搭讪时笑容腼腆地摆手拒绝，举手投足间彬彬有礼。他做事情很有分寸，照顾小唐也十分周到，就连小唐想要喝水，小周都会帮忙把盖子拧开再递过去；小唐的鞋带开了，他也会毫不迟疑地蹲下来帮忙系上。微小的细节最能打动人心，小周的细致打动了小唐，两个人很快就确定了情侣关系。然而交往没多久，小唐便发现了小周的变化。

最开始的时候，小周每天都会打电话过来，小唐以为频繁的电话只是小周表达喜欢的一种方式，因而每次小周问她在做什么、去了哪里、和谁在一起的时候，小唐都会老老实实地将自己的状况汇报一遍。可慢慢地小周开始寻求更多的人证，不再相信小唐的“一面之词”，如果小唐说自己和同事在一起，小周就会要求小唐把电话给同事听一下以求证真假。

小唐对小周这样的行为虽然心里有些不满，但正处于热恋期的她也没有想太多，每次都将电话递给身边的同事，反复几次之后，公司里的同事几乎都知道了小唐有个像管家一样的男朋友。这让小唐觉得非常尴尬，虽然同事嘴里说着“你男朋友对你可真关心啊”，但背后却都在讨论小唐的男朋友控制欲太强了。和小唐关系较好的同事甚至委婉地问她：“你男朋友是不是特没安全感啊？”小唐只能笑着说：“没那回事儿。”

可仔细想了想之后，小唐确实有些生气了，小周屡屡找同事证明自己的行踪只有一个原因：不信任她。有了这个认知之后，小唐并没有责问小周。

不过，两个人很快爆发了激烈的争吵。在一次部门紧急会议中，小唐的手机调成了静音，没有接到小周的电话。会议结束后看到手机上四十多个未接来电和三十多条信息，小唐立刻知道不妙了，连忙把电话打了过去。电话刚接通，那端传来的便是小周劈头盖脸的责骂声，说小唐背着他找了第三者之类的话，而且说得非常难听。小唐本来满腹歉意，被小周骂了一通后，内心积压的不满也爆发了，两个人吵得一发不可收拾。

冷战了很久之后，小周主动讲和，两个人的关系才慢慢缓和。可小唐没接电话一定是在跟别的男人约会的想法却深深根植在小周心里，他对小唐行踪的掌握越来越紧了，甚至在小唐不知情的情况下，偷偷地在她手机上装了一个 GPS 跟踪定位系统，以便随时掌握小唐的行踪。

小唐发现之后，自然又跟他吵了起来。但是争吵除了让两个人的关系更加恶化之外，没有任何益处。小唐觉得很疲惫，也许是小周给小唐的第一印象太好了，让小唐不忍心放弃这段感情，她做出了让步，每天乖乖接电话，汇报自己的行踪，也不和其他异性交往，甚至是同事也尽量避免交流。

然而，这并没有使小周放下心来，他的疑心病越来越重，看到小唐的同事和她一起走，都会对小唐进行反复盘问，不论小唐怎么解释也不听，只是坚持自己的看法，认为小唐脚踩两只船，甚至殴打了小唐。身心俱疲的小唐再也无法忍受小周的这种行为，便提出了分手，而小周此时全然不复当初的体贴和温柔，恶狠狠地威胁小唐，敢提分手就杀光小唐全家。

上述案例中的小周其实就是典型的妄想型人格障碍。他固执己见，不能对恋人小唐做到最起码的信任，使得一段本该人人称羡的感情岌岌可危。

妄想型人格障碍又叫偏执型人格障碍，是人格障碍的一种，多见于男性。主要临床表现为：性格敏感，对于曾经遭受的侮辱和伤害耿耿于怀，即便他人道歉也不能宽容，总想着进行报复；过度猜疑，将他人的善意或无意的行为解释为阴谋，甚至对他人善意的举动都不能单纯地看待；心胸狭窄，见不得别人好，容易产生病态的嫉妒心理，不能忍受别人比他优秀，一旦别人做出优异的成绩就会紧张不安、妒火中烧，往往通过说风凉话、恶意毁谤他人的行为来宣泄自身的不满情绪，更有甚者会寻衅，与优秀者争吵；对于其他人抱着敌视态度，总是认为别人有利用自己来达到其目的的念头，质疑恋人或配偶的忠诚度，很难全心地信任他人；性格过分自负，刚愎自用，过高地估计自己的能力，在遭遇挫折和磨难时，不从自己身上找原因，而是推脱责任，习惯性地将失败的责任归咎于他人，过分苛责他人，认为自己之所以会失败全是因为别人刁难和不配合。

患有妄想型人格障碍的人内心是自卑的，为了补偿自卑心理，他们往往会通过妄想来满足内心的需求，对他人要求过多或过高，而对自己的评价高得离谱，考虑问题缺乏客观性，容易感情用事。

患有妄想型人格障碍的人不仅在外不能与朋友、同事融洽相处，连在内与自己的家人、配偶都不能和睦相处。很多妄想型人格障碍患者对于自己的状况缺乏正确的认识，也少有自知之明，不承认自己存在人格障碍，更不会向心理医生求助。当家人和配偶带他们去接受心理咨询时，他们甚至会通过伪装、撒谎或否认来逃避。个人的妄想和偏执行为会由于遭受重大挫折加重，甚至有发展成偏执型精神分裂症的可能。

根据心理学的临床研究结果，妄想型人格障碍的成因有以下四点：

早期失爱

当个体年幼时，长期生活在缺乏信任和爱的家庭环境之中，经常被身边的人拒绝、指责、否定时，容易造成个人性格的偏激、极端。

后天受挫

个体在成长的过程中，个人的性格、世界观也在逐步形成和完善，当个体经常遭遇打击时，容易产生自卑感，为了掩饰自卑感，往往会产生偏执的行为。

自我苛求

对自己的认识缺乏客观理性，不能接受自身的弱点，做不到扬长避短，反而以更高的标准来严格要求自己。

处境异常

物以类聚，人以群分，当一个人到了不适合自己的群体之中时，内心容易失衡。生活中我们可以发现，个子矮的人更喜欢跟身高相等的人交往，避讳别人对其身高的议论；一个爱好美食的胖子在一群怎么吃都吃不胖的窈窕淑女中，内心就容易失衡；赚钱辛苦的人到了挥金如土的群体之中，内心也会感到不平衡。不适宜的环境对个人的性格影响是非常大的，往往会造成个人的偏执。

妄想型人格障碍的患者可以通过心理治疗的方式来进行自我治疗，心理治疗的方式包括以下几种：

认知提高法

妄想型人格障碍患者对于自我能力与性格特征缺乏正确的认识，对自己的偏执行为也常常不自知。妄想型人格障碍患者首先要做的是认清自己的人格缺陷，自觉自愿地进行改变，遭受挫折时理智客观地思考和分析，尝试从自己身上找原因，而不是一味地推诿和指责他人。

交友训练法

不信任他人是妄想型人格障碍的主要特征之一，改掉爱猜疑的坏习惯是非常必要的。患有妄想型人格障碍的患者内心是不安的，才会抱着敌视和警惕的态度看待周围的一切。尝试着信任他人，坦诚地和他人交流沟通，平时为朋友提供力所能及的帮助，在交往的过程中学会信任他人。

敌意纠正法

如何避免以小人之心度君子之腹呢？首先要改正自己的敌视态度和对抗心理。可以在纸上写一些提醒自己的话，比如“他们是我的朋友，没有理由伤害我，我不应该敌视他们”“以和为贵，我可以感受到他人的善意”。然后用和平、宽容、友善的态度来进行正常的人际交往，尊重他人，适当地忍耐和包容。

第三节 | 边缘型人格障碍——悬崖边游走的孤寂灵魂

边缘型人格障碍，是精神科常见的人格障碍，属于人格障碍中较为严重的一种，主要表现就是反复无常的心境、情绪、人际关系、自我形象、行为等方面的不稳定，并且常常伴有多种冲动行为。

患有边缘型人格障碍的大学生张某，在大学毕业之后就把自己锁在了房门里，几乎过上了大门不出二门不迈的隐居生活。张某在与世隔绝的状态下，在自家二楼简陋的房间里，生活了整整十二年。

张某也曾经是家人的骄傲，聪明上进，学习成绩优异。村里的人都梦想着自己的孩子也能够像张某一样，刻苦学习，奋发向上，将来考上大学出人头地。可谁也没有想到，张某竟会变成这样。

张某毕业于某大学计算机应用专业，是村民眼中的高才生，脑子好使，他嫁接的桃树成活率非常高，还会用电脑，家乡的人都觉得是个有本事的孩子，很多同龄人都比不上他。毕业后，张某被一家公司录取，福利待遇都很丰厚，家里人也非常满意。本以为接下来的事情都会顺顺利利的，可始料未及的是，张某只上了半天班，就撂挑子不干了，问他原因，他只是说："不想上班了，没意思。"

家里人都以为张某在单位受了委屈才负气辞职的，为此，张某的父亲还专门跑到那家公司了解状况，可是那家公司里的人都说张某在单位并没有被什么人欺负过。一连过了好几天，张某都没有出去上班的打算，也没有再找一份工作的想法，无论家里人怎么劝慰、怎么责骂，张某都无动于衷，并且已经打定主意，待在家里哪里也不去。就连开工厂的亲戚，让他去有偿帮忙，他也不肯去。

在张某隐居在家的 12 年里，出门的次数屈指可数，家里人怕他在家里闷坏了，就连哄带骗地把他领到了外边去赶集凑热闹。谁知没过多长时间，张某就因为觉得没意思而悄悄溜回去了。为了改变张某的状况，家里还给张某介绍了对象，可张某怎么也不肯出来跟姑娘见一面。无奈之下，张某的父亲使出了撒手锏，断绝他的零花钱，可一这招对张某来说完全不奏效，因为他根本就没有花钱的必要。

张某的母亲很早就去世了，上面有两个姐姐，都已经嫁人了，奶奶年迈，全靠父亲挣钱来维持家里的生计。本来张某要帮父亲分担养家糊口的责任，现在却成了不事生产的闲人，每天在二楼的房间里看电视剧、玩魔方，也不跟曾经的朋友、同学联络，非常自闭。张某在上学的时候就很内向，也不怎么跟其他同学亲近。如今，总是待在家闭门不出，张某几乎断绝了和外界的联络，电话也不接，见了生人就闪身到楼上自己的房间里，怎么喊也喊不出来。

据张某的朋友说，张某上学的时候虽然不像其他人一样朋友成群，但也不至于独来独往，性子还是挺活泼的，现在突然变得这么孤僻、自闭，肯定是有原因的。但除了张某自己，谁也不知道是什么缘故导致他变成现在这样厌世的性格。而张某根本不肯说，也不愿意跟生人见面。

对张某的状况进行分析后，专家判断他属于边缘型人格障碍，因为张某总是恐惧社交，一味地沉浸在自己的世界里，不愿意主动与他人接触，导致厌世、自闭、逃避现实生活，与社会脱节。

根据专家的临床经验来看，边缘型人格障碍产生的原因主要包括以下两个方面：

遗传因素

很多专家认为，人格障碍会伴随基因遗传给下一代，家庭成员中如果曾经出现患有人格障碍的人，那么后代患有人格障碍的概率也会比常人高。如果是直系亲属，如父亲、母亲、兄弟姐妹患有边缘型人格障碍的话，个体的患病率也会增高。

环境因素

环境对人的影响非常大，根据专家们的临床经验，许多患有边缘型人格障碍的患者在年幼时期都曾遭受过不同程度的虐待，有的是被迫与亲人分离，有的是被家长忽略，还有的是家庭关系紧张、家庭气氛极其不和谐等。童年缺乏关爱、有被遗弃经历和曾遭受家暴的人更容易患上边缘型人格障碍。

一个舒适安全的生活环境对于孩子的性格形成有着重要的作用，然而，如果孩子幼年时期生活环境动荡不安，这将会对孩子个性的形成和人格的完善产生极大的影响。

边缘型人格障碍的主要特征表现为：行为冲动，人际关系、个人情绪及自我意象等不稳定。临床表现一共可分为六个方面：

自我身份的识别障碍

每个人都对自己的性格特征、生活态度、价值观等有一定的认知，但是边缘型人格障碍患者缺乏这方面的认知和思考，他们自我认知紊乱，缺乏目标，感受不到自我存在的价值。

一般来说，人的人生观、价值观、世界观是随着成长而不断完善的，其间有可能因为某些认知或重大变故而有所改变，但一些微小的事很难推翻我们的认知。边缘型人格障碍患者的人生观、价值观和世界观经常会因为一点点小事而改变，从而质疑自己是怎样的人，找不到个人存在的价值。

情绪的不稳定性

边缘型人格障碍患者内心充满了孤独感和空虚感，容易陷入疲惫、厌倦的状态，在边缘型人格障碍患者的眼中，世界非黑即白，世人非好即坏，没有所谓的“差不多”或“中间状态”。边缘型人格障碍患者平时表现得非常温和而友善，且富有浪漫主义精神，令人喜爱，然而当他们生气的时候，这种温和的表象就会一扫而光，他们会情绪激动得难以自抑，会变得歇斯底里，暴躁不安。

性格中的敏感成分也会令他们所感受到的负面情绪成倍增加。他们高兴时能感受到加倍的喜悦、快乐、兴奋、欢欣，失落时也会感受到加倍的苦闷、烦躁、愤怒、悲伤。在遭受突如其来的打击时，这些负面情绪甚至会相互转换，引发暴力行为。一般来说，大部分边缘型人格障碍患者的真面目只有在亲密关系中才会暴露无遗。

害怕孤独和被人抛弃

边缘型人格障碍患者极度害怕被人抛弃，因为缺乏关爱和自我安慰的能力，他们的内心非常孤独，且没有安全感。当感觉到有被抛弃的可能时，他们会率先行动，主动离开，或是通过某些方式来进行挽留，如追问行踪、打电话纠缠等。更有甚者会通过自残、自杀的行为来阻止自己被抛弃。

人际关系的不稳定性

边缘型人格障碍患者担心被在乎的人抛弃，缺乏自信心，对于他人接触自己的动机充满怀疑。当他们喜欢一个人的时候，这个人做什么都是好的，容不得别人半点的诋毁；然而当这个人的某些做法没有满足他们的需求时，他们就会一改之前的善意，对原先所喜欢的人肆意贬低。

在恋爱过程中，他们患得患失，反复无常，喜欢一个人的时候看他处处完美，甚至能够将其捧到天上，一旦发现自己不再喜欢对方时，就恨不得将对方摔在地上再踩上两脚。这样喜怒无常、摇摆不定的状态对患者所在乎的人或是患者本人都是一种残忍的折磨。

冲动行为

边缘型人格障碍患者的情绪控制能力非常差，暴怒时会砸东西、伤人、自残、自杀，有强烈的自虐倾向。像张某那样隐居避世的行为其实也是一种自虐，通过否定自身存在价值的方式来自我惩罚，自我毁灭。

应激性的精神病症状

这类症状一般比较轻微，历史短暂，多发生在应激情况下，可在几分钟或几小时内恢复。经常表现为举动失常、言语紊乱，缺乏目标，感知能力失真等。

患有边缘型人格障碍的人内心充满了挣扎和煎熬，职场上不能与同事合作；生活上不能跟朋友坦诚相交；家庭中无法与亲人和睦相处。给他人带来痛苦的同时，自身也处于孤独苦闷的深渊中无法自拔。

经过心理学与医学领域专家的不懈努力，除了药物治疗和住院治疗外，边缘型人格障碍患者的心理治疗方案也有了突破性进展。患者可以通过辩证行为训练法来纠正自己的错误认知，形成正确的观念，进行情绪的自我控制和人际关系的训练。辩证行为训练法由美国华盛顿州立大学的Marsha.M.Linehan提出，这种方法依据辩证法的基本原则，引导患者学习辩证思维的方法，从而增强辩证、全面客观地看待事物的能力，缓解患者的情绪失调和行为异常症状。此外，家人和朋友的关怀也是帮助边缘型人格障碍患者改善症状的重要因素。

第四节 强迫型人格障碍——一颗苛求完美的心

如果你是美剧《生活大爆炸》的爱好者，那么，相信你一定对其中的一个人物——谢尔顿印象深刻。谢尔顿是个科学家，是个天才，也是典型的强迫型人格障碍，为什么这样说呢？谢尔顿生活中的很多细节都表明了这一点。比如，他有一个习惯就是每个星期一的早晨必须吃燕麦片，星期二的早晨必须吃厚吐司抹黄油，不这样吃的话他宁愿饿着。另外，当谢尔顿在客厅就座的时候，他的座位是固定的，每次都坐在沙发上的固定位置，因为那个位置的视角和风向是他最喜欢的。

很多患有强迫型人格障碍的人和谢尔顿一样，生活习惯都有着自己独特的模式，遵循着这一模式，他们能够生活得非常顺心，而这些模式一旦被打破了，他们就会很痛苦。可能有人会觉得，这只是个人习惯罢了，并没有什么特别的，更谈不上强迫型人格障碍。

实则不然，虽然每个人都有自己独特的习惯，一旦打破这种习惯就会有不适感，但这种不适感不会对我们造成太大的影响。就像我们平常喜欢乘某一路公交车去上班，突然有一天这路公交车晚点了，只好搭乘别的公交车，虽然一样能到达目的地，但在习惯的作用下我们还是会产生一些紧张不安感。强迫型人格障碍则不是这样，如果这趟公交车晚点了，他们干脆就不搭公交车了，改乘地铁或是请假不去上班。

强迫型人格障碍是人格障碍的一种，主要特征是：内心有不安全感、过分的谨小慎微、完美主义和对某些方面的严格要求。据有些数据显示：约70%的强迫症患者在患病前有强迫型人格障碍。

看到这里，很多人可能会觉得疑惑，强迫症跟强迫型人格障碍有什么不同吗？两者确实不同，现在仍有很多人习惯性地将强迫型人格障碍和强迫症混为一谈。

前一段时间，“强迫症”和“处女座”这两个词一度成为网络热搜词，同一时期，网络上还放出很多关于“逼死强迫症”的图片。很多人看到那些图片后心里不免有些不舒服，于是就评论说“唉，原来我也是强迫症啊”或是“看来我有些轻度强迫症了”。

一时间，强迫症仿佛成了一种流行病，但事实上真的如此吗？什么是强迫症？强迫症和强迫型人格障碍又有什么区别呢？相信了解了强迫症和强迫型人格障碍之后，很多人都不会再在自己身上乱贴“强迫症”“强迫型人格障碍”的标签了。

从医学的角度来讲，强迫症是焦虑障碍的一种，属于神经精神疾病，也就是我们常说的神经症。主要的临床表现是：思维强迫和行为强迫，患者的某些毫无意义的想法和行为深深地影响了患者正常的工作和生活。患者虽然能够明白这些无意义的想法和冲动是毫无道理的，而且会有意识地对自己的一些强迫思维和强迫行为进行抵制，然而反抗总是失败，患者在这种失败的痛苦中产生了巨大的焦虑，身心备受煎熬。

患有强迫型人格障碍的人，具有强烈的自控能力和自制心理，因为对情绪的过分控制而显得性格沉闷，缺乏幽默感，行为上一般表现为谨小慎微、犹豫不决，过分地追求完美、精确，有时甚至达到了吹毛求疵的地步；行事准则过于死板僵硬、拘泥于形式、缺乏灵活性和一应变能力、循规蹈矩、墨守成规，容易固执己见、异常节俭等。由于内心的不安感极度强烈，所以精神总是处于紧绷的状态，心态也很难做到真正的放松。

患有强迫型人格障碍的患者内心常常处于紧张和焦虑之中，像小火慢炖的汤，在内心沸腾着，但在表面上却不动声色。在正常的工作和生活被打扰时，容易产生怨恨心理。

苹果公司的创始人史蒂夫·乔布斯就是一个强迫型人格障碍患者，他无法忍受污垢，曾经对自己的第一座工厂进行极端的卫生检查。为了检查地板和设备的清洁程度，他曾经手脚并用地趴在地板上，仔细地观察地板和工厂之中的设备。此外，乔布斯还无法忍受拼写错误，甚至连标点符号的错误也不放过。他总是耗费大量的时间去阅读每一份文件，并找出其中的拼写错误和标点符号的错误。

强迫型人格障碍的产生一般与患者童年生活环境和所接受的教育有重要的关系。当父母对孩子的要求过分严格时，孩子害怕受到严厉的惩罚，就容易形成优柔寡断、过分小心的性格。此外，强迫型人格障碍的成因也包含遗传因素，即家庭成员中如果有人患有强迫型人格障碍，那么孩子患该种人格障碍的概率要比其他人高。

强迫型人格障碍还有一个重要的临床表现——工作狂。在他们看来，工作远比人际交往和情感联络重要得多。性格使然，很多强迫型人格障碍患者都非常注重细节。他们非常希望事情在自己的控制之下按部就班、循序渐进地进行，以此来消减内心的不安和焦虑。虽然在工作方面他们非常优秀和可靠，但爱控制的性格往往会引起他人的不满，没有办法和他人正常地相处，更难找到相互了解、能够交心的真正朋友。

强迫型人格障碍还有一个很重要的特点，就是不喜欢改变，在面对改变和新环境时会表现出不适应的特征。

强迫症和强迫型人格障碍最重要的区别就在于强迫型焦虑症状和某些强迫行为是强迫症患者不希望有的，而强迫型人格障碍患者对其自身的强迫行为是乐于接受的，并很少希望做出改变。

大量的临床研究表明强迫症与强迫型人格障碍之间存在某种特定的联系。相关数据显示约有三分之一的强迫症患者存在强迫型人格障碍，也就是说，强迫症的病因极有可能是强迫型人格障碍的过度强化。

二者不同的是，强迫症可以采取药物治疗的方式，而强迫型人格障碍却不能通过药物治疗的方式治愈。强迫型人格障碍的治疗方法一般为心理疗法，心理疗法中有打包疗法、认知行为疗法、意象对话疗法等。由于患者所表现出来的特点不同，治疗的方式也不同。

第五节 回避型人格障碍——别找我，我不行的

小赵是一名高中学生，他的性格有些内向，想和别人一起玩却又担心自己出现什么窘态会被别人嘲笑，因此他从小到大也没交几个朋友，上了高中之后，他的朋友就更少了。平时班里的一些活动他虽然非常想参加，但是由于自身的性格原因，他非常害怕在公众场合发言，就连上课时老师让他到前面解答黑板上的问题，他都会紧张得不知所措，而且还容易脸红。当众讲话时，声音会忍不住地发抖，每次上台解答问题或是发言的时候，他都会紧张得出一身汗。小赵也觉得自己这样不太好，可又没有办法改掉这些毛病。

进入高三以后，小赵明显感觉到学习压力增大，很多课程学习起来都变得很吃力，他不得不花更多的时间去消化这些学习内容。身边同学们若有似无的冷嘲热讽让他非常不安，每次听到别的同学说“读死书也未必能考上好大学”“那么努力有什么用，成绩还不是出不来”之类的话，他就非常难过，以至于没有办法继续安心学习。

此时，唯一的一个好朋友小亮的疏离更让小赵觉得痛苦，面临高考，两个人的压力都非常大，在生活中难免会有些摩擦，争执之后，两个人的关系变得疏远了，这严重地影响了小赵的情绪。

不久，小赵开始失眠了，他听说很多精神疾病都跟失眠有密切的关系，对此，他非常焦虑，害怕自己的精神也出现问题。但是小赵不知道能够向谁倾诉内心的惶恐和沉重的学业压力，更不知道怎么缓解自己这种焦躁、恐惧的心理状态。他希望能够恢复跟小亮的友谊，但又不敢迈出那一步；希望也像其他同学那样在下课后围在一起讨论课堂上的学习内容或是生活上的烦恼，

哪怕是一些八卦也好啊，可是他依然不敢。他觉得自己始终是“角落里被人忽视的小透明”。

生活中，我们可以发现身边的很多人会像小赵一样，想要跟他人交朋友，却总是畏首畏尾，不敢迈出那一步，除非其他人主动过来找他或是几次三番地抛出橄榄枝，他们才稍微放心地走上前去，配合别人的步调，听从别人的安排。但即便是在和他人交往的时候，他们也表现得非常僵硬和死板，生怕自己出一点错而被他人嘲笑。这就是典型的回避型人格障碍的表现。

回避型人格障碍是人格障碍中的一种，属于病态人格。回避型人格又叫逃避型人格，对于引起个体焦虑和窘迫的社交行为或特定环境会表现出回避性的反应，这种回避行为即便是亲近的人也无法避免。

患有回避型人格障碍的人所表现出来的最为显著的特点就是心理上的自卑和行为上的退缩。患者往往性格内向、敏感、羞怯、缺乏社会安全感，羞怯的性格令他们无法应对挑战或是大量社交的工作，表现出回避的态度或是逃避的行为。回避型人格障碍的敏感还表现在会因为别人的批评指责而痛苦不已。他们缺乏自信，无法客观地认识自身的优势，对于自身存在的价值和意义充满了怀疑，在遭受他人拒绝或是批评时，他们会比常人更加痛苦。

在职场上，他们是兢兢业业、循规蹈矩的好员工，可当上司对其委以重任时，他们的第一反应便是“我不行”“我做不到”“你找别人吧，这太为难我了”。他们对自我的认识被自身的自卑感所蒙蔽，总是怀疑自己的能力，更在无形之中给自己消极的心理暗示，所以在接受重要的工作时，会倍感紧张，承受的精神压力也非常重，从而导致他们工作效率下降。

回避型人格障碍患者害怕参加社交活动，担心自己的言行举止有任何差池，会成为他人的笑柄，在集体活动中所扮演的角色都是沉默寡言的。在做决定时，他们往往瞻前顾后，犹豫不决，常常错失很多机会。在遭受重大打击之后，会对社交活动产生逃避的行为。

看到这里，也许有人会说：“回避型人格障碍的症状表现和社交恐惧症非常相似，两者是不是一样的呢？”答案是否定的。

社交恐惧症是焦虑症的一种，社交恐惧症患者虽然也常常采取回避的方式来处理问题，但社交恐惧症患者享受孤独，独处让他们觉得安全，他们也不想和其他人或群体发生交流。回避型人格障碍则不同，回避型人格障碍患者不安于自己孤独的处境，他们内心渴望别人的关怀，渴望朋友，更渴望与他人进行交流，只是本性过于羞怯，敏感脆弱的性格特点导致他们更容易注意社交过程中令他们不愉快的事情，会因为担心被他人拒绝而不敢轻举妄动，甚至会出现逃避社交的行为，这源于他们内心深处的自卑。

一般来说，回避型人格障碍的成因有三：自卑心理、消极的自我暗示、挫折的影响。要治疗回避型人格障碍，可以从这三点入手。

自我分析法，消除自卑感

由于患者的自卑心理，使其无法正视自身的能力，总是将自己看得一无是处。要想消除自卑心理，首先要对自身的优势有客观的认识，发现自身的长处，记录自己一点一滴的进步，肯定自己的价值，提高自信心，从而消除自卑感。

自我暗示法，积极的自我暗示与鼓励

要相信世上无难事，只怕有心人。当自己失去信心想要打退堂鼓时，及时地进行积极的自我暗示“我能行，我不比任何人差”“别人能做到，我肯定也做得到”等鼓励性的话。如果一开始就被吓得毫无反抗之力，那成功就会变成痴人说梦。所以，要相信自己的实力，相信事在人为，不要让自己做任何关于失败的设想，而是坚定不移地付出努力。

克服人际交往障碍

积极地与他人进行交往，可以从身边的家人开始进行训练，每天定量地

完成与他人交流的任务。比如和父母交谈十分钟、和朋友进行二十分钟的沟通、与同事进行十分钟的闲聊。坚持每天与他人进行交流，并逐渐地尝试和邻居、陌生人交谈，克服人际交往的障碍。

回避型人格障碍的诊断

在美国《精神障碍诊断与统计手册》中对回避型人格障碍的特征有以下描述：

1. 因为害怕批评、否定与排斥而回避涉及人际接触较多的职业活动。

2. 不愿与人打交道，除非确定能被喜欢。

3. 因为害羞或怕被嘲弄而在亲密关系中表现拘谨。

4. 具有在社交场合被批评或被拒绝的先占观念。

5. 因为能力不足感而在新的人际关系情况下受抑制。

6. 认为自己在社交方面笨拙，缺乏个人吸引力或低人一筹。

7. 因为可能令人困窘，非常不情愿冒个人风险参加任何新的活动。

只要满足以上特征中的四项，即可诊断为回避型人格障碍。

第六节 攻击型人格障碍——以敌视的目光审视世界

你的身边有没有这样一种人，当你在朋友圈中上传旅行的照片时，他会毫不客气地评论道：“你去哪里玩了？怎么不叫上我，只顾着自己潇洒？”当你想到一个很棒的创意并打算实施的时候，他会冷嘲热讽地打击你：“与其将来做不到，失败得一塌糊涂，成为别人的笑柄，还不如现在什么都不要做，省得失败了被人嘲笑。”当你做成一件事情，非常开心地向其他人展示你的劳动成果时，他却会毫不留情地泼你冷水：“不过是一些微不足道的小玩意罢了，也值得你这么开心，真是目光短浅。”遇到这种人的感觉怎么说呢，就像是早上起床后，打扮得清爽利落正打算出门和女朋友约会，却在刚出门的时候被呼啸而过的车子溅了一身的污水和泥，满腔的喜悦转瞬间一扫而光，内心的沮丧与郁闷是笔墨无法形容的。

还有一种人，内心充满了愤懑与嫉恨，看不惯这个世界的一切，外部环境中的微弱刺激就能够瞬间将他们点燃，理智被愤怒和攻击欲望、冲动等压倒，像一只充满攻击性的豪猪，竖起满身的刺，恨不得把刺激到自己的人或物都扎得血肉模糊。他们愤世嫉俗，自己过得不好，也不希望别人过得好，有轻生的念头和杀人的冲动，他们甚至能够在头脑中设想出详细的杀人方案，但基于理智控制了自己的行为，罪恶的计划才没有实施。

以上两种都是攻击型人格障碍的典型症状表现。攻击型人格障碍，又称为爆发型人格障碍和冲动型人格障碍，主要特点是情绪的不稳定性和行为的明显冲动性。在暴怒的情况下，他们往往不能控制自己的行为，做出某些极具破坏性的举动，尽管冷静下来后，患者的内心会非常后悔和愧疚，但这并不能阻止情绪和行为的失控再次发生。

攻击型人格障碍的临床表现形式分为主动攻击和被动攻击两种。主动攻击型人格障碍的特点为：

1. 性格鲁莽冲动，好勇斗狠，攻击性强。

2. 暴躁易怒，情绪无常，自控能力差，易冲动。

3. 事前计划能力差，举动反复无常，采取某些行动前充满紧张感，行动后则充满轻松愉悦感和心理上的满足。

4. 冲动动机的形成有时是有意识的，比如受到他人的刺激；有时是无意识的，源自本能的行为。

5. 思想的不成熟和心理发育的不健全，导致愤世嫉俗并对他人充满敌意。

6. 持久的攻击性言行，容易产生对他人进行攻击的冲动甚至犯罪倾向。

被动攻击型人格障碍患者有很多不满情绪，内心总是充满了怨恨，这种负面情绪不能够通过正确、合理的方式坦荡地表达出来，而是采取一种扭曲的发泄方式来表达自己的不满。表面上他们千依百顺，实则内心满腹牢骚和怨言，且充满攻击性。

被动攻击型人格障碍的特点为：

1. 用被动挑衅的态度来对待他人，不守承诺、消极怠工，暗中搞破坏、故意不接电话，并为自己的破坏行为达到目的而沾沾自喜。

2. 不合作，故意和他人唱反调，让他往东他偏往西，拖延时间，不听指令。

3. 情绪反复无常，容易与他人发生口舌之争，受到外部刺激和挫折时容易情绪爆发。

4. 自我不满与厌弃。缺乏自信，对于自己的行为持否定态度，苦恼于自己的性格，却又不思改变。生活态度悲观，对未来不抱希望。

5. 人际关系非常糟糕。由于性格内向、孤僻，爱记仇和狭窄的心胸使他们无法与人正常交往。

攻击型人格障碍的产生一般有生理原因、心理原因、家庭原因、社会原因四个方面的因素。

生理因素

攻击是人类的本能行为，当人的情绪陷入不安、愤怒中时，就容易发生攻击行为。雄性激素分泌过多也会导致个体出现攻击行为。

心理因素

我们可以发现，年轻气盛的男孩子在青春期的时候总是容易出现打架斗殴的行为，一方面他们认为自己的心理已经成熟，急于表现自己成熟的状态，便通过打架、抽烟等行为来展示自身的力量和胆量。另一方面，有些男孩子在异性面前有强烈的表现欲，攻击行为无疑是展示其男子汉气概的最佳方式。此外，遭遇挫折和侮辱时，人们的攻击性也会增强。

家庭因素

专制的父母会造成孩子性格的压抑，上行下效，父母就是孩子效仿的对象。当父母表现出攻击行为时，孩子也会有样学样。还有被家长过度宠溺的孩子也容易因为个人愿望得不到满足而采取攻击行为。

社会因素

我们常常看到很多青少年模仿电视或电影上的黑帮势力拉帮结派，含有各种凶杀、暴力因素的文学作品及影视作品中的暴力行为都容易引发青少年模仿。

攻击型人格障碍不仅对自身的健康和个人发展极其不利，还容易对他人和社会造成伤害。攻击型人格障碍可以从以下几个方面进行治疗：

正确认识自我

人的认知会随着年龄的增长而改变，很多时候我们再回想自己之前所做的事时，就会觉得以前自己的某些举动是非常愚蠢的。比如为了在女孩子面前出风头而跟别人打架、在包里随时放块砖头、兜里揣把匕首、嘴上叼个烟卷，就觉得大哥范儿十足。我们当时之所以会产生这样的认知，是因为对自我认知的片面化。要正确地认识自身的变化，必须及时地进行自我完善，把精力集中在真正重要的事情上，如学习、运动、工作、培养业余爱好等。

正确地对待挫折

有的人遭遇挫折后会异常愤怒，会产生攻击行为或是一蹶不振；有的人却能够越挫越勇，不断向前。这都是因为心态的不同。遭遇挫折时，要摆正自己的心态，从挫折中总结经验教训，并鼓起勇气，重新接受挑战。

培养宽容忍让的气度

世界上很少有真正值得我们丢掉自身的涵养与气度的事情，所以我们应该时常保持理智，以宽容的态度对待他人，而不是以失控的暴力行为令事情变得更加糟糕。

找到一个成功的榜样

一个成功的榜样能够帮助我们更好地进行自我控制，当我们遭遇突如其来的打击和挫折时，向心目中的偶像学习，在其他方面尽情地展现自身的实力，从而取得心理上的平衡和满足。

03

第三章

恋爱心理

——爱情不只是男才女貌

第一节 | 多巴胺作怪——没感觉怎么谈恋爱

小佳和李辉的相识始于一场由朋友组织的聚会。第一次见面的时候，两个人就聊得十分投机，随着彼此了解的加深，小佳发现自己和李辉有着许多相同的兴趣爱好，比如说两个人都喜欢民谣，喜欢骑行，偏爱文艺电影甚于商业大片，追同一部美剧和同一个明星，喜欢吃辣味的火锅，都有吃完火锅后喝一大杯冰汽水的习惯。在聚会中，朋友都为他们两个人的高度默契感到吃惊。聚会结束之后，小佳和李辉双双告别单身，成了人人称羡的一对情侣。

刚开始，两个人在一起相处得非常和谐，一天三次通话之外，还要通过网络聊天，分享彼此的心情和想法。一个月之后，小佳和李辉搬到一起住，做家务的问题也在两人商量后得到了很好的解决：家里的卫生由两个人轮流负责，小佳厨艺不错，通常由她做饭，李辉则负责刷碗。

平时下班回家之后，李辉在客厅打游戏，小佳则在一边吃零食逛论坛，两人时不时地交谈几句，偶尔李辉也教小佳玩一些男生热衷的游戏。到了周末，李辉会带着小佳出去逛街、看电影，一部文艺电影能让两人美美地回味一个下午。遇上假期，两人则会商量着骑行去心仪的景点，每次都尽兴而归。

转眼间，两个人都到了谈婚论嫁的年纪，家里开始催促结婚的事，小佳本以为她和李辉稳定地谈了这么长时间的恋爱，怎么着也该顺顺利利地步入婚姻殿堂了。谁知提出结婚后没过多久，李辉就决意和小佳分手。

小佳既惊讶又难过，怎么也不愿意分手，要李辉给她一个合理的解释，李辉说："跟你在一起的时候的确很开心，我们之间也没有发生过一次争吵，有时候我想表达什么，没开口你就能明白，这算是有默契。但我们两个在一起就是缺少那种谈恋爱的感觉，平时我们一起玩玩还行，如果真结了婚，一辈子都这么过下去的话，那就太没劲了！”伤心欲绝的小佳怎么也没想到，一场堪称完美的恋爱就这样败给了“没感觉”三个字。

我们在说起男女关系的时候，谈得最多的一个词就是“感觉”。谈到不太中意的相亲对象时，我们常挂在嘴边的一句话就是“感觉不怎么样”、“没什么感觉”；在男 / 女朋友分手的时候，我们听到最多的说辞也是“对你没什么感觉了”，“感觉我们不是特别合适”，等等。那么，我们常说的感觉究竟是怎么一回事儿呢？为什么有那么多人都像小佳一样败给了感觉二字？

感觉，科学的解释是人脑对直接作用于感觉器官的客观事物个别属性的反映和感官系统的察觉情况。我们接触任何事物都会有所谓的感觉，看到春天里繁花似锦，我们会由衷地感觉到舒适和开心；被夏日午后炽烈的阳光照射时，我们会感觉炎热、焦灼；深秋时节，看到万物凋零，我们在内心深处会感觉到一丝凄凉；被冬天凛冽的寒风夹杂着雪花拍打在脸颊上，我们会因为感到寒冷而不由自主地打个寒战。这样看来，我们的感觉器官即眼、耳、口、鼻等对于直接接触到的事物产生的反应，就是所谓的感觉。

但在爱情中，所谓的感觉要复杂、高级得多。《新白娘子传奇》中白素贞在断桥边对撑着油纸伞的许仙一见钟情是感觉，《失恋三十三天》中性格截然相反的黄小仙和王小贱日久生情是一种感觉，有情饮水饱和情人眼里出西施也都是恋爱中众多感觉的一种。而我们通常所说的“没感觉了”并不是真的没有任何感觉，而是没有了相爱的感觉，这种相爱的感觉在心理学上被称作“激情”。

不难发现，许多恋人，在最开始交往的两到三个月期间激情会飙升到最高值，两个人浓情蜜意、如胶似漆，恨不得爱到地老天荒。但任何一段感情都有它自己的发展规律，极盛之后便是无法避免的衰落，这时候情侣们会清晰地感觉到彼此之间的感情变淡了。

美国纽约州立大学斯托尼布鲁克分校的研究团队曾经做过这样一项研究：他们挑选出近千对情侣，其中既包括刚交往不久的恋人，也包括携手共同走过了二十年风风雨雨的夫妻。研究人员将他们分成两组，为他们戴上了可以对脑部进行断层扫描的仪器后，分别向他们展示了爱人的照片。结果，刚交往不久的恋人在看到爱人的照片之后，大脑迅速分泌出了大量名为“多巴胺”的化学物质，而那些相伴走过多年的夫妻之中，只有十分之一略多的人见到爱人的照片之后，脑部分泌出了大量多巴胺。

根据这个研究结果，科学家开始用多巴胺来解释爱情，分泌的多巴胺较多时则说明爱意浓厚，分泌较少则说明爱意较为淡薄，简而言之就是多巴胺决定了爱情。当爱情降临的时候，人们的大脑内部会分泌出大量多巴胺，令大脑处于兴奋状态。这就是恋爱初期很多恋人都可以为了和心爱的人在一起而不计生死的缘故。

但是，多巴胺带给人类的激情并不是无限的，而且多巴胺过量的话，就会造成人脑过度兴奋的现象，从而给人的身体带来沉重的负担。这时大脑会启动防御机制，自动产生抑制成分。当多巴胺在抑制成分的作用下消失之后，恋爱之初那种浓烈的激情也会有所消减，这就是我们在生活中最常见的恋人亲密度急剧下降的戏码。

多巴胺虽然能够决定爱情，但它并不能够代表爱情，事实上多巴胺作用于爱情的有效期最多为三年左右。大量事实也证明了爱情是有保质期的，国外相关调查研究显示，爱情的保质期一般为三个月到二十四个月，超出这个时间界限，恋人分开的可能性极大。

感觉这种东西，毕竟太飘忽，充满了不确定性，我们可以感受得到，但摸不着，因为它不像我们日常生活中接触的物品那样有着具体的形状、颜色和重量。看到这里，可能有人会苦恼，难道我们谈恋爱就只能寄希望于飘忽不定的感觉和大脑中的多巴胺了吗？并非如此，一切将多巴胺视为爱情主宰的人，都是在为自己的花心、崇尚激情和害怕承担责任找借口，因为我们在谈恋爱的时候所追求的并不仅仅是激情。

美国耶鲁大学心理学家斯腾伯格认为：在组成爱情的成分中，除了激情还有亲密和承诺。当激情退却之后，原先的新鲜感和刺激感都被疲劳感所取代，最初在一起的那种开心的感觉也变得索然无味，这就是步入恋爱疲劳期的征兆。

这一阶段，任何一件鸡毛蒜皮的小事都有可能引发激烈的争执。这时候，彼此针锋相对的争吵和互不联络的冷处理都是不可取的，如果两个人还有继续走下去的想法，那么真正能够帮助彼此度过恋爱疲劳期的是适时地调整自己的心态。两个人争吵不能只从对方身上找原因，这样很容易形成“错在对方”的死循环。放低姿态，正视自身的问题，正视对方身上无法改变的缺点，并以理解、包容的态度去面对两个人之间的矛盾，那么彼此间存在的问题才有解决的可能。在这一过程中，随着彼此磨合程度的加深、相处时间变长，亲密度和承诺也会不断上升，感情也会从低谷逐渐回温。

爱情是分阶段的，只有经历了最初的激情并且平稳地度过了恋爱疲劳期后，彼此的关系才能更进一步，如果只是靠感觉，那么任何一份感情都难以善始善终。爱情是奢侈品，也是一种投资，只有用心经营，才能让最初的那份感情如美酒一般，经历的时间越久，口感越发浓厚、醇香。

第二节 为什么初恋最难以令人忘怀

谈恋爱以后，通常女孩子都会追问男生："在我之前，你交过几个女朋友？""你觉得你交的那些女朋友中哪个最好？""你现在心里还有你的初恋吗？""是你的初恋好，还是我好？"不少男生会发现女朋友笑眯眯地提出这些问题时，看似云淡风轻、毫不在意，但实则每一个问题背后都有一个巨大的陷阱。如果不假思索便回答的话，极有可能会触动女朋友的逆鳞，更有甚者争吵一番之后，直接就恢复了"单身狗"的身份。其实不只是女生，男生有时候也会因为女朋友的前任醋意大发。前任好像成了情侣之间过不去的坎儿，而在众多前任之中，杀伤力最大的那个，还属初恋。

近些年上映的《初恋那件小事》《匆匆那年》《那些年我们一起追的女孩》《同桌的你》等回忆初恋的电影，是对初恋时的那种青涩中透着美好，美好中透着淡淡伤感的氛围浓墨重彩地渲染，令人感叹之余又勾人回忆。

很多人在看完电影之后不由自主地就想起了自己的初恋。说起初恋，有一个现象非常普遍，很多人在懵懂的青春期遇到了让自己心动的人，更为幸运的是，能够和心仪的人在一起。但绝大多数的初恋都不能善始善终，初恋的男女可能因为各种各样的原因分开，然后山长水远，再不相逢。失败的初恋带给人的伤害是非常大的，即便不再相见也并不代表能够遗忘，初恋在人们脑海中的存在感远比其他回忆要强得多，且影响深远。

据相关调查显示，许多男性都有初恋情结，女性也不例外。很多人经历过失败的初恋之后，再找对象的时候会不自觉地找那些和初恋对象有着相似之处的人，也许是笑着的时候扬起的唇角，也许是举手投足间流露出的气质，也许是穿衣服的风格，总有相同之处供他们以另外一种方式来缅怀和追忆初恋。

有些人甚至会拿现任与初恋进行比较，这对现任来说无疑是极其不公平的，但很多人沉溺于此，无法自拔。最后不仅没有挽回初恋，连好好的现任也变成了前任。我们不由得对此产生好奇："初恋为什么那么令人难忘呢？"

初恋是恋爱的最初阶段，很多人的初恋都发生在青春期，青春期也正是性意识萌动的阶段。这时候，我们知道了男女有别，对于异性产生了向往和爱慕的心理，虽然很多青春期的少男少女对于爱情并没有什么认识和了解，但这并不妨碍他们对心仪的对象有着亲近的渴望，碍于男女有别，他们不得不与心仪的对象保持一定的距离。

这种神秘的距离感更加重了彼此的好奇心。两情相悦固然再好不过，两个未经世俗污染的人相互吸引，这是最纯真、美好的一种感情，也是最能够让人义无反顾、付出真心的一种感情。但是一旦初恋无果而终，那么心里必然会留下一定的阴影，以后再谈恋爱的时候，便不会像初恋时那样义无反顾地付出而是开始有所保留，尽管这种保留也是对自己的一种保护，但再也回不到初恋时那种一往无前的状态。

如果用心理学的理论去解读初恋情结的话，"蔡格尼克效应"最合适不过了。

二十世纪初，德国心理学家蔡格尼克进行了一项有关记忆的实验。她找来三十多名志愿者参与实验，并让这些志愿者随机做二十件简单的事情，比如说从一数到五十，默写一首最喜欢的诗，用线将颜色和形状不同的珠子按照一个固定的模式穿起来，等等。蔡格尼克给出了一个固定的时间，这段时间非常短暂，以至于志愿者根本无法完成全部任务，到最后很多人的任务只完成了一半。

规定的时间到了之后，蔡格尼克要求这些志愿者回忆之前被安排做了什么事情，结果显示：对那些没有完成的工作，志愿者可以回忆起其中的68%，而对于那些已经完成的工作，他们只能回忆起43%。这种现象在心理学上被称为“蔡格尼克效应”。

根据实验结果，蔡格尼克总结出了一个结论：相对于已经处理完的事情，人们对于尚未处理完的事情印象更加深刻。很多人的初恋都是在没有得到一个完美结局的情况下结束的。有的也许是由于家长和老师的阻止，有的可能是由于毕业而分开，不论原因是什么，总归没有结果。这就相当于是人们没有处理完的一件事情，初恋是“未完成事件”，始终在心里留有遗憾。

举个最简单的例子：我们在纸上画圆，画到一半便被迫中止了，这样一来我们的心里就会时时刻刻惦记着没能画完整的半个圆，那半个圆成了我们的心结，只要一有机会，便忍不住想把欠缺的另一半给补上。很多人看小说、追电视剧能够做到彻夜不眠、不追完不罢休，也是由于蔡格尼克效应。初恋这个画了一半的圆保留在我们心中，久而久之就形成了初恋情结，以至于令许多人念念不忘。

调查研究显示，中年人的同学聚会最容易导致婚姻的破裂，因为学生时代是初恋最易发生的时间段。许多明明熬过了七年之痒的中年人，之所以会婚姻破裂，并不是因为夫妻间感情失和，而是因为一次不起眼的同学聚会。现在的老同学聚会甚至可以称得上是婚姻杀手了，很多人借着这个契机和以前的初恋重逢。

对于男性来说，如果看到初恋生活得不错，那么他内心难免会产生一丝失落感，甚至会因为当初的错过而后悔不已。如果对方的生活状况并不理想的话，他们内心就会生出一种保护欲，不仅会埋怨初恋的配偶不懂得珍惜，更有可能直接插手帮助初恋改善生活。

女性也是如此，总会忍不住将初恋对象和丈夫做比较，如果初恋比不上现任还好，一旦初恋的成就超越了现任，那么难免会心猿意马，再将自己与初恋的配偶比较一番，旧情重温的可能性就大大增加，婚姻破裂的结果也就可以预见了。

初恋的确是人生中一道美丽的风景线，回忆初恋的时候，我们的脑海中能想起来的画面，大多是那些青涩而不失甜蜜的回忆，而当初那种懵懂的美好之所以令人怀念，就是因为再也不会有了。但许多人并不明白这样的道理——值得回忆的东西，就该永远放在回忆里。

电影《港囧》和《夏洛特烦恼》无一不是在提醒我们“珍惜眼前人”。《港囧》中徐来瞒天过海，想要去和初恋杨伊见上一面，再续前缘，但最后还是选择与深爱的妻子在一起。而《夏洛特烦恼》中，夏洛莫名其妙地穿越回学生时代，费尽心思和自己的初恋秋雅在一起，但繁华落尽后才发现自己真正想要的不过是在马冬梅身边，吃一碗热乎乎的茴香打卤面。电影的结局是圆满的，夏洛穿越了回来，仍旧和马冬梅在一起。

也许很多人午夜梦回的时候都曾想过回到初恋时光，但很多人不顾一切抛下家人，和初恋在一起，最终也没有过上想象中的美好生活。

因为初恋是脆弱的，在初恋的时候我们一股脑地付出感情，甚至让爱情蒙蔽了双眼，看不到初恋对象身上固有的缺点。再加上时间的冲刷，留在记忆里的多是那些美好的经历，而与初恋重逢的欣喜可能会让我们暂时忽略初恋身上的缺点。但如果以毁掉现有的婚姻家庭为代价去弥补曾经的遗憾，那么我们往往会得不偿失。因为旧情复燃也未必能够尽如人意。

人们带着巨大的希望去旧情复燃，就是为了找回当初的美好，一旦发现找不回当初那种感觉时，不仅会破坏掉原有的美好记忆，更会换来莫大的失望。而我们在怀念初恋的时候，也不仅仅是在怀念某个人，而是怀念初恋这件事，怀念初恋时那段一去不返的年少时光。

那些在初恋情结中苦苦沉沦、无法自拔的人，如果想走出初恋的阴影，必须做到在内心深处与过去的爱情做个彻底的告别，保留初恋时美好的感觉，而不是继续迷恋初恋的那个人；要和现任展开良性互动，在彼此理解的基础上继续经营现有的爱情。

如果实在分不清自己究竟是迷恋过去还是仍然爱着初恋对象，那么尽量与初恋对象减少接触，为自己和现任的感情营造一个较为安全的发展环境，这样才能够有时间认清内心的真正需求。

初恋再怎么美好，也是过去的事情了，沉湎于对过去的眷恋只会让现在的生活一团糟。只有把握当下，珍惜眼前人，才能够真正把握住现实的幸福。

第三节 | 贝勃定律——得不到的永远在骚动

一位意大利的心理学家曾经做过这样一个实验：

他找来两对成长背景、年龄以及交往时间都大致相同的恋人，将他们分为A组和B组。他让A组中的男方每个周末为自己的女朋友送上一束娇艳欲滴的红玫瑰，而B组的男方则什么都不送。坚持了两个月之后，恰好赶上情人节。心理学家要求两个男士在节日当天为心爱的人送上一束包装精致的玫瑰花。结果，两个女士的反应截然不同。

B组的女士看见恋人手捧玫瑰走过来时，激动得热泪盈眶，一时之间难以抑制内心的欣喜，无视路人异样的眼光，冲上去与恋人拥吻。而A组的女士则表现得非常平静，接过了恋人递过来的红玫瑰，虽然没有表现出太大的不满，但还是对身边得到一大束“蓝色妖姬”的女士流露出了羡慕之意。

无疑，B组的女士会铭记这一天，铭记恋人献上玫瑰的这一刻；但A组的女士却会忽视恋人的情人节礼物。

这并不是说A组的女士有多么贪得无厌和不知珍惜，也不是为了证明B组女士多么单纯、容易满足，而是印证了一个心理学定律——贝勃定律。

正是由于两个男士送玫瑰花的频率与时机的不同，才造成了两种截然相反的结果，这种现象被称为“贝勃定律”。贝勃定律一般是指人在经历过一次强烈刺激之后，再对其施加同等程度的刺激时，效果就不如第一次那么明显了。也就是说，第一次的刺激，会对后来相同的刺激起到一定的抑制作用。

举个最浅显的例子：当一个人左手拿着300克的物体时，如果让他的右手拿上305克的物体，那他也许根本就不会察觉到两只手所拿的物体在重量上有什么差别，只有将右手上的重量进一步增加的时候他才能清晰地分辨出差别。也就是说，在原有刺激的基础上，必须增加刺激强度，才能产生显著的效果。A 组的男士情人节如果送的不是常送的红玫瑰而是蓝色妖姬，就更能得到恋人的欢心。在贝勃定律的作用之下，我们难免会出现关爱麻木的状况。

贝勃定律对于亲情和爱情同样产生一定的蒙蔽作用，有时候我们的感觉虽然非常敏锐，但它也有一定的惰性。它会在我们不察的时候蒙蔽我们的双眼，让我们忽视来自身边的点滴温暖，令我们无法进行理性的思考和正确的判断。

一个女孩和母亲发生了激烈的争执，正处于叛逆期的女孩一气之下离家出走。不巧的是，女孩从家里跑出来的时候，身上一分钱也没有带。在外无所事事地游荡了一整天，女孩心中的怒火已经逐渐平息，能感觉到的只是饥饿带来的折磨。饥肠辘辘的女孩来到一个卖面食的路边摊上，盯着热气腾腾的面，再也迈不开步伐。

面摊老板是个善良的好心人，见状免费给这个女孩煮了一碗面。女孩对面摊老板的好心帮助心怀感激，在面摊老板的关怀之下，忍不住向他倾诉了心中的委屈："我们素不相识，你却肯帮助我，免费做饭给我吃，可是我和我的母亲相处了那么多年，她却对我那么狠心……"女孩说到这里，忍不住痛哭起来。

面摊主人听了叹口气说："我只不过是在你饿的时候给你煮了一碗面，你就这么感激，那你的母亲为你做了这么多年的饭，你不是更应该感激她吗？"面摊老板的一席话让女孩醍醐灌顶，之前对母亲的怨愤瞬间烟消云散。谢过面摊老板之后，女孩连忙回家，在家门口正好遇上了打算出门找她的一脸焦急的母亲，女孩终于忍不住扑到了母亲怀里，连声认错。

在陈奕迅的歌曲《红玫瑰》中有这样一句歌词："得不到的永远在骚动，被偏爱的都有恃无恐。"生活中，我们总是对陌生人的善意满怀感激，却往往会忽略身边那些无微不至地照顾着我们的人。

不难发现，在众多情侣中，很多人都会抱怨对方对自己没有当初刚刚认识时那么好了，总让人产生一种对方一旦追求到自己，自己就变得廉价、可以随便敷衍的感觉。但事实上真是这样吗？不排除有些人追到手就不珍惜，但大多数时候并非是对方不知道珍惜，而是自己的心态没有进行适时的调整。

刚认识的时候，对方于我们而言不过是一个陌生人罢了，我们对于陌生人不会抱有太大的期望，所以，当这个陌生人对我们表示了善意、提供了帮助之后，哪怕只是一点点恩惠，都会令我们感激不已，认为对方对自己实在太好了。但是相处的时间长了，我们会对恋爱对象所提供的呵护和关爱习以为常，并产生更高的期待。当对方仍旧按照最初的方式对待我们的时候，我们在心理上会产生巨大的落差，并生出一种对方对自己没有当初那样热情和体贴的感觉。

其实对方并没有变，两个人的爱情也没有变质，只是我们感受的灵敏度因为惰性的缘故下降了。

很多情场高手会巧妙地利用贝勃定律来让自己的感情升温，在两性关系中，有的人喜欢玩暧昧，用若即若离的手段，让对方产生欲罢不能的感觉，随时保持新鲜感，以保证恋情的稳固。商场上，贝勃定律的应用也非常普遍。商家最初把价位抬高，然后再找时机大幅度减价，尽管减价后售价依然远高于成本，却能够有效地刺激消费，提升产品销量。各种“打折让利促销”“过节大减价”等正是贝勃定律的应用方式之一。

人类有得寸进尺的惰性，在生理上和心理上都有一种逐渐适应的机制，这会让我们不由自主地习惯他人的帮助和关爱。仔细观察周围，我们会发现生活中有许多好人难为的现象：有些人如果开始答应了别人的请求，得到了好人的名声，那么以后他人提出的请求，他都要无条件答应，一旦他拒绝了一次，那么他之前的好人形象便会荡然无存，这也是贝勃定律作怪的缘故。

在爱情中，如果我们放任贝勃定律去操纵我们的感受，那么我们将很难维持稳定的恋情。因为任何人对他人的好都是有极限的，一旦超过极限便会适得其反，即付出得越多，分开得越快。如果想要消除贝勃定律的负面影响，就要把握好尺度，不能无限度地付出，因为当有一天我们无法付出更多的时候，反而会让恋人感受到巨大的落差，令彼此的感情急剧降温，陷入分手的危机。

而当你觉得恋人对你不如当初那么好的时候，你要做的不是不由分说地疑神疑鬼，而是理性思考，打消那些过分的期待，保持平常、感恩的心态与恋人相处，珍惜恋人给予的点滴温暖，不妄想，不苛求，才能让感情得以稳定发展。

第四节 | 禁果效应——棒打鸳鸯，适得其反

观看古装言情剧时，我们经常会发现这样一个桥段：深宅大院中的千金小姐爱上了才华过人却潦倒落魄的穷书生，两人眉目传情，一来二去便情根深种，以至于私订终身。穷书生答应小姐一旦金榜题名必然八抬大轿相迎，小姐也拿出脂粉钱资助书生度日。就在两个人对美好的将来满怀憧憬的时候，两人的私情被千金小姐的父母发现，执意要两个人断了联系，将千金小姐锁在闺阁，并将她许配给一个富贵公子做妻子，将穷书生作为重点防范对象，不许他踏进府门半步。

这时便会出现一个被两人坚贞的爱情深深感动的人，两个人在其帮助之下互通消息，甚至相约私奔去追求美好的爱情。这时的书生不再软弱无能，小姐也不再弱不禁风，两个人为了同一个目的变得无比坚强，齐心协力与顽固不化的封建家长做斗争。最后经历了千辛万苦，两个人终于获得双方家长的许可，得以终成眷属。穷书生从此红袖添香，灯下温书也更加发奋刻苦，故事的最后如果穷书生再金榜题名，那就更是锦上添花了，这段爱情也可以画上一个完满的句号了。

落魄书生和闺阁小姐两者看似差异极大，生活中也根本没什么交集，最后却能克服万难走到一起，不由得令人感慨爱情的神奇。爱情的确有其神奇之处，两个人相爱能够引发许多有趣的心理效应，禁果效应便是其中之一。

禁果效应，指的是越被禁止的东西或者事情，人们越是关注和好奇，并产生强烈的尝试冲动，即越是禁止的东西，越想要得到，这与人的好奇心和逆反心理有着莫大的关系。俄罗斯有一句谚语叫“禁果格外甜”，这句谚语说的就是禁果效应。

禁果一词来源于《圣经》中的一个小故事，讲的是上帝创造出亚当和夏娃之后，他们经不住蛇的诱惑偷食了禁果。这件事甚至改变了整个人类的生存环境和生存状态。

禁果效应从《圣经》故事中引申而来，但它的存在却有着心理学的依据。心理学研究表明，越是神秘的、无法轻易触及的事物，对人的诱惑力越大，这种诱惑力能够强化人们接触和了解禁忌事物的欲望。生活中我们不难发现那些越是想要隐瞒、不想让别人知道的事情，反而越会引起人们强烈的好奇心和探究欲。

在古希腊神话故事中，天神宙斯为了报复普罗米修斯造人以及盗取火种的事，令赫菲斯托斯用黏土创造出一个美丽的女人，并为她取名潘多拉。潘多拉受众神祝福，不仅长得美丽，充满魅惑，还拥有诸神赐予的一切天赋，在这些天赋之中，也有人类本性中的好奇心。

在宙斯的安排之下，潘多拉被作为礼物送给普罗米修斯的弟弟埃庇米修斯，宙斯还给了潘多拉一个盒子，叮嘱她一定不能打开。潘多拉一开始还能够听从宙斯的命令，不去打开盒子，可随着时间的流逝，潘多拉的好奇心越来越旺盛，她迫切地想知道盒子里边装的到底是什么。结果在好奇心的驱使下潘多拉打开了魔盒，里边被天界诸神装进去的灾难汹涌而出，潘多拉害怕极了，连忙把盒子关上，但已经晚了，灾难早已将人间变成了修罗场，人们从此饱受病痛、灾难的折磨。

潘多拉之所以打开盒子，也是受了禁果效应的影响，越被禁止的事情越想去做。而在爱情中，禁果效应所起到的作用更令人不可思议。按照常识来说，门当户对、没人阻挠、受人祝福的爱情总比那些受到双方父母强烈反对的爱情要发展得顺利，但事实上并非如此。越是受到外界力量的阻挠，恋人之间的感情反而会迅速升温，这种现象便是禁果效应发挥作用的结果。

所以，禁果效应也叫罗密欧与朱丽叶效应。在爱情中指的是两个人在进入一段恋爱关系之后，如果这段感情受到了外力的阻挠，那阻挠的力量反而会促使这对恋人更加坚定地捍卫这份恋情。

在莎士比亚的爱情悲剧《罗密欧与朱丽叶》中，直率善良的罗密欧与聪慧温柔的朱丽叶两情相悦，但由于他们两家是世仇，所以这段感情遭到了两个家族的极力阻挠。可是这种来自于家族的阻挠不但没能使他们分道扬镳，反而令他们的感情更加深厚，更加稳固，以至于后来两个人双双殉情而死。

这种现象在中国古代的爱情故事中更是屡见不鲜。在我国的四个爱情故事中，有三个都是外力越阻挠，爱得越轰轰烈烈、刻骨铭心的。当然结局并不是世人喜闻乐见的有情人终成眷属，在《梁山伯与祝英台》的故事中，两个人殉情而死，最后变成蝴蝶，双双飞入九霄；《白蛇传》则是一个在金山寺孤独终老，一个在雷峰塔下被镇压数百年；《牛郎织女》看的男女主人公，隔着一条银河彼此遥遥相望，等足一年之后才能在七夕佳节当晚见上一面，诉诉衷情。我们可以发现，这些爱情故事中每一个都有罗密欧与朱丽叶效应的痕迹。

人都有自主心理和逆反心理，当恋爱双方遭受外界的阻挠，不得不做出某种选择的时候，人会因为自主性被限制而产生一种反感心理。随着外界阻力的增强，人的逆反心理会高涨到极点，甚至引发激烈的反抗。在这种反抗的心态之下，往往会出现与外部力量所希望的背道而驰的结果，即你让我分手我偏不分，不但不分，我们的关系还要更加密切。恋人通过感情升温的方式来冲破外力的阻挠，这是人在面临得不到或者即将失去的恐惧时产生的最自然的反应。

还有人会采取较为极端的手段，比如当一段感情受到亲朋好友的百般阻挠时，谈恋爱的两个人不但不会分手，反而会更加亲密，并采取各种措施，如“把生米煮成熟饭”“私奔”“自杀”等行为来维护自己的感情。一旦这些措施生效，恋情得以维持，那么人们就会产生一种错觉，会不由自主地将战胜困难的力量归结于爱情的魔力，将消除障碍的成就感转化为对恋爱对象更加坚定的忠诚。

这种看似轰轰烈烈、感天动地的爱情，如果真正步入婚姻，却往往以不幸收场，因为彼此感情的升温是基于外力反对的作用，一旦失去了这种外力阻碍，这段感情反而更容易被生活中的挫折和琐事所打败，所以在爱情遭遇阻挠的时候不妨冷静地思考一下，究竟以怎样的方式才能够令两个人的感情之火不被现实中的“柴米油盐酱醋茶”给扑灭，在漫长的岁月中成为彼此坚实的依靠。

第五节 ┃ 吊桥效应——爱情中的错觉

小涛是一名大学生，去学校报到的时候，他遇见了一个和自己同校的女生，并对她一见钟情。巧的是这个女生和小涛还在同一个班级，开班会那天，他知道了女生的名字——倪舒。

倪舒不但人长得漂亮，性格开朗热情，还善交朋友，在班里很受欢迎，甚至被班上的男生奉为“班花”“女神”。在得知倪舒加入了学生会之后，小涛也递交了入会申请，希望能和倪舒多些交集，并趁机发展一下感情。由于两个人能力出众，很快便都成了学生会的骨干，学生会主席把很多事都交给他们两个人处理，如举办辩论赛、展览、招纳新成员，等等。而这些都需要两个人交流意见之后，才能制定方案，因此两个人的交集越来越多。

小涛虽然喜欢倪舒，但他也看得出来，倪舒更多的时候把他当作朋友，而不是一个追求者。小涛想跟倪舒表白，可是他又担心一旦表白的话说出口，倪舒不接受的话，两个人连朋友都做不成，为此他非常苦恼。这时，小涛的室友阿文给他支了一招：“你要是真想追求倪舒的话，不妨请她去看恐怖电影。”

小涛不明白为什么要这么做，追问阿文，阿文说：“你先告白，要是成了，我再给你解释这其中的原理；要是不成，你就当我胡说八道好了。”小涛暂时压下了心里的疑惑，向倪舒发出了邀请。两个人经常在一起看系里的排练和演出，倪舒已经习以为常，所以没有多想，痛快地答应了。

结果一场恐怖电影看下来，倪舒就成了小涛的女朋友。送倪舒回宿舍之后，欣喜万分的小涛连忙回到宿舍向阿文致谢，并向他讨教。阿文说：“其实也没什么，就是用了点心理学的知识，让你试了试吊桥效应。”

吊桥效应，指的是当一个人过吊桥的时候，会不由自主地心跳加快、手脚发抖、体温急剧升高等，如果此时恰好碰到一个异性，那么当他见到这名异性的一瞬间，就会产生一种被丘比特之箭射中的错觉，会误以为眼前的这个异性是他命里注定的另一半，从而对其滋生出爱慕的情愫。简而言之，就是人在危险的环境之中，更容易擦出爱情的火花。

吊桥效应这一名词来源于吊桥实验。1974 年著名情绪心理学家阿瑟·阿伦在加拿大温哥华的卡皮诺拉吊桥上做了一个非常著名的实验，验证了这一理论。

卡皮诺拉吊桥又称“夫妻桥”“世界上最长的爱情桥”，在一百多年前由英国探险家乔治·格兰特·麦凯文和他的妻子耗费了整整一年的时间，完全依靠人力搭建了这座吊桥。卡皮诺拉吊桥是温哥华最具有代表性和震撼力的风景名胜之一，它全长约 137 米，宽约 1.5 米，横跨卡皮诺拉河谷，桥身以两条粗麻绳和木板构成，悬挂在约 70 米的高空之上。由于吊桥是悬空的，所以人在吊桥上行走的时候，吊桥会来回摆动，这既让人觉得新奇刺激，又心惊胆战。

阿瑟·阿伦和研究人员找来一位漂亮的女性作为实验助手，让她站在桥中央等候 18—35 岁、没有女性同伴的男性过桥，并请求这些过桥的男性回答她正在做的一张调查问卷。调查问卷的内容非常简单，完成了一个简单的问卷之后，再让这些男性根据漂亮女助手提供的一张图片来编造一个小故事。

过桥之后，这位漂亮的女助手给参与问卷调查的男性留下电话号码，并告诉他们：“如果想要了解调查问卷的结果，可以给我打电话。”不过这只是实验的一部分，同样的实验分成三组进行，卡皮诺拉吊桥只是其中一组，另外一组的实验地点选在了一座坚固的石桥上，虽然这座石桥也横跨了一条小溪，但海拔只有几米高，相比卡皮诺拉吊桥可以说非常安全；第三组的实验地点选在了一个安静的公园中，三组实验的内容相同，主人公也都是那个漂亮的女助手，但是得出的结果截然不同。

在公园中的那一组，只有两名男性接受了这名女助手的电话号码，而这两名男性也没有给她打电话，在低矮石桥上的那一组拨打电话的有五个人。而卡皮诺拉吊桥的那一组，则有一半以上的人给女助手拨打了电话，因为他们认为这位女助手非常漂亮。

阿瑟·阿伦发现，在参与实验的男性中，卡皮诺拉吊桥上的那些男性编撰的故事相较其他两组的男性，更富有爱情的色彩。

为什么会出现这样的结果呢？这是由于人在过吊桥的时候，身体会随着吊桥摇摇摆摆，这时人的心理上处于一种战战兢兢、高度紧张的状态，会出现心跳加速，呼吸急促等现象，这其实是一种正常的生理反应。人们在什么情况下会心跳加速呢？一是恐惧，二是遇到心仪的对象。而过吊桥时，身边如果恰好有一位迷人的异性，那么人们为了给自己的生理反应寻找一个合理的解释，便会将心跳加速等生理变化与身边的异性联系起来，将此时因为紧张害怕引发的生理反应误认为是恋爱的感觉，下意识地将之归结为对异性的心动。所以在卡皮诺拉吊桥上参与实验的男性才会乐于与女助手展开进一步的联系，这就是所谓的“吊桥效应”或“爱情吊桥效应”。试想一下，如果吊桥上等候着这些男性的是一只张开了血盆大口的黑熊，恐怕这些男性脑海里就不会有那些浪漫的念头，而是只剩下恐惧了。

在阿瑟·阿伦提出吊桥效应之后，很多人的恋爱方式都发生了变化，许多情侣前往卡皮诺拉吊桥去感受那刹那的心动。看到这里，可能很多人会觉得可行性不大，因为总不可能千里迢迢地带着心仪的伴侣跑去卡皮诺拉吊桥走上一遭吧！

这倒不必，爱情产生的情境是多种多样的，除了卡皮诺拉吊桥之外，还有许多带有危险性、刺激性的环境，同样能够让两个人擦出爱情的火花，比如小涛的室友阿文建议小涛带着倪舒去看恐怖电影，其原理是一样的。人在观看一部充满了悬念和紧张气氛的恐怖电影或灾难电影时，会更容易迸发出爱情的火花。

此外，游乐园中的云霄飞车、蹦极、跳伞、恐怖屋等环境也是不错的，还可以带着心仪的人骑上摩托车，飞速行驶在公路上，同样能够产生吊桥效应，刺激爱情的产生。也就是说，令人心跳加速的地方都容易促进异性之间的感情。生活中不少情侣都会选择充满刺激性、令人感到紧张不安的场所约会来增进彼此的感情，这对恋情的进一步发展有着积极作用，这就是吊桥效应在生活中的运用。

由于在姻缘上做出的巨大贡献，吊桥效应可谓是恋情的福音，当我们将其巧妙地运用于生活当中时，就更容易摆脱单身，获得爱情的垂青。虽然在吊桥效应的作用下擦出爱的火花是个美丽的误会，但这并不代表双方不能够缔造一份美好的爱情，如果你希望与心仪的对象有个理想的将来，不妨大胆尝试一下，说不定会有意想不到的收获。

04 第四章

心理流行感冒

——反常的群体心理

第一节 | 总被人欺负是不是因为我太善良了

瑶瑶是一名大三的学生，是一个心地善良的女孩，在班上是老好人。平时在班级中不管谁有什么困难，她都会热心地帮助对方。瑶瑶觉得自己的性格没什么不好，虽然同学们的请求总会耽误自己的时间，可瑶瑶觉得大家开心就好，她辛苦点也没什么大不了的。因此，瑶瑶的人缘特别好，非常受同学们的欢迎。

升入大四后，学校规定大四学生要离校实习。瑶瑶打包了自己的被子和衣服，准备投奔一个已经参加工作的朋友小洛。小洛是她的同学，比她高一届。找工作前，小洛就给瑶瑶做了思想工作，她向瑶瑶介绍了当前大学生的就业情况以及各个行业的发展前景，并帮瑶瑶找了很多递交简历的渠道。

瑶瑶自己心里也有数，她明白自己是外出实习的学生，连毕业证都没有，很多用人单位都不太愿意招收像她这样的员工。刚开始，瑶瑶投递的简历基本上都是石沉大海，但她对此也没太放在心上。直到父母打来的生活费花得七七八八了，自己的工作还是没有着落时，瑶瑶才有些心急了，再找不到工作，她可能就要拖着行李回家啃老了。对瑶瑶来说，她一点也不想回到家乡的小县城，只好苦苦地支撑着。目前，她面临着两个选择，要么坚持按照自己所学的专业去找工作，要么随便找一个工作先奋斗着，就当积累经验也好。抱着“干一行爱一行”的念头，瑶瑶进入了一家网络营销公司。

这份工作对于瑶瑶的重要性不言而喻，她刚来这家公司，人生地不熟的，想要快速地在单位立足，只有跟同事们打成一片。她想，与人为善，总是不会错的。所以，懂事的瑶瑶承包了办公室的所有卫生工作。每次吃过午饭回公司之前，她还会买上一大堆零食来跟同事们分享。每当有同事说口渴的时候，瑶瑶都会自告奋勇地跑下楼为同事们买饮料。自己的纸巾、遮阳伞、护手霜、笔等也放在桌上，任同事们取用。

同事们对于瑶瑶的示好非常受用，也对瑶瑶的懂事十分满意。相应的，在工作上他们也会对瑶瑶照顾一点，给瑶瑶讲解了很多工作方面的技巧。

按照公司的流程，瑶瑶作为一个新人本来是不必加班的，但她为了跟同事们搞好关系，总会陪着同事们加班，甚至还提出请加班的同事吃夜宵，对此，同事们当然双手赞成。没过多久，瑶瑶就开始和同事们一起加班。有的同事有急事要提前下班时，瑶瑶还会主动地提出帮她完成当天的任务，有人帮忙，同事自然是求之不得的。慢慢地，瑶瑶越来越被上司和同事器重。

后来，每到了下班时，总是会听到一些同事的请求："瑶瑶，我今天有点急事，你人那么好，剩下的任务你帮我做完好不好，就这样说定啦。""瑶瑶大美女，帮帮忙嘛！我急着去相亲呢。"结果，瑶瑶的加班时间不得不一再延长，下班时间也变得更晚了。瑶瑶常常抱怨加班很累，小洛劝她很多次，每次瑶瑶都听话地点了点头，可下班的时间依旧很晚，瑶瑶总是安慰自己说："反正大家一起工作，加班也没什么。"小洛听到后只好保持沉默。

有一天，瑶瑶下班回来向小洛借钱。小洛有些纳闷：瑶瑶刚发完工资，怎么又缺钱了？便随口问了一句，谁知瑶瑶居然哭了起来。小洛询问之下才知道，当天让瑶瑶帮忙做任务的同事，因为瑶瑶帮忙完成的任务出了差错而受到了上司的批评，还罚了钱。气愤的同事迁怒于瑶瑶，当着所有同事的面把瑶瑶大骂了一顿，让瑶瑶负责任，拿出被罚的钱。在瑶瑶泣不成声的倾诉中，小洛了解到瑶瑶的上司总让她帮忙带早餐，但从来不给钱，同事们不仅总让瑶瑶请客吃饭，还让她买水果和饮料，甚至还让她请看电影等，并且这种状况已经持续了很长一段时间。

瑶瑶泪眼模糊地问小洛："我的同事欺负我，是不是因为我太善良的缘故？我该怎么办？"小洛见状，气愤又难过。她立刻拿起纸笔认真地分析了一下瑶瑶的现状，并上网查了一下有关职场暴力的解决办法，最后她自己总结了几个解决的办法分享给瑶瑶，希望可以帮助瑶瑶摆脱被同事欺负的局面。瑶瑶觉得自己已经掌握了不受欺负的办法，谢过小洛之后便上床睡觉了。

第二天，小洛想起还有一些经验要给瑶瑶分享，便早早起床去找瑶瑶。她发现瑶瑶正在聊微信，便让她赶紧洗脸刷牙，瑶瑶却说："先等一下，我问问我同事想吃什么早餐，好给他们带过去。"小洛听到后瞪大眼说："我们商量了大半夜，不就是要解决他们蹭饭的问题吗？你怎么还主动问他们吃什么？"瑶瑶笑笑说："我想了想，觉得同事之间带个饭也没什么大不了的，算不上欺负，他们对我挺好的……"小洛没听瑶瑶说完，便无奈地转身离开了，心想：她真是个无药可救的"傻子"，真不知该说她什么。受了欺负都不知道反抗，还觉得别人对她好，欺负她也是活该。

没过多久，瑶瑶又被公司的同事气哭了，她向小洛诉苦，小洛却冷着脸拒绝了她，瑶瑶气愤地说："就因为我善良，你们就欺负我，一点也不讲义气，算什么朋友！"小洛耸了耸肩没说话，心里想的却是：别人之所以欺负你，不是因为你的善良，而是因为你的软弱。可她知道自己说了也没什么用，只是在浪费口舌，瑶瑶第二天还是会乖乖跑去任人欺负。说也白搭，还不如省点力气。

在生活中，我们会听到很多人像瑶瑶那样喜欢抱怨："是不是因为我太善良了，才处处受人欺负？"也听过这样的俗语："柿子捡软的捏""人善被人欺，马善被人骑"等。在被他人欺负的时候，很多人常常质疑自己被欺负的原因是由于自身善良的性格，实则是在混淆善良和软弱的概念。事实上，很多人都没有分清善良和软弱的区别。善良不是一味地忍让，更不是软弱可欺，而是心存善念，与人为善，以诚待人，不主动地伤害别人，但也不会任由他人欺负。过度的善良则是软弱，很多人之所以总是受到他人的欺负，正是由于软弱。

在性格决定心理和成就的相关讨论中，有一个网友的评论非常贴切："态度决定高度，他人对待你的方式完全取决于你对他人的态度。如果你是跪着看别人，又怎么能怪其他人俯视你呢？”性格软弱，其实也是一种不自信，因为不自信，所以会对他人的欺负不做反抗，任人欺负之后，反而用自己善良大度为借口来粉饰自身的胆怯与懦弱。

软弱性格的形成，除了遗传之外，还有一个重要因素是家庭环境。如果在个体所处的家庭环境之中，父母的性格都较为软弱、胆小怕事，并认为多一事不如少一事，那在父母的言传身教或潜移默化的影响之下，就容易形成软弱的性格；或者是父母过分强势，事事都由父母做主，被父母呵护得无微不至，也容易形成软弱的性格。

要想彻底改变自己被人欺负的现状，改掉怯懦软弱的性格，首先要树立自信。在生活中，自己的事情尽量自己做主，有意识地培养独立自主的生活能力，学会独自克服困难而不是事事依仗父母和亲友、同事。选择自己所擅长的方面进行发展，这不仅能够帮助他人更好地认识和尊重我们，也能增强我们的自信心。

在与他人交往的过程中，要学会自尊自爱，信守承诺，培养自己的责任心，做一个责任感强并且有承担能力的人，不逃避责任。平时要多交些朋友，在拓展自己交际圈的同时，锻炼自己与他人沟通的能力。闲暇时间可以多读书，给自己充电，用知识来武装自己的大脑。与此同时，还要注意锻炼身体，有一个强健的体魄也能够起到很好的自我保护作用。

第二节 旁观者效应——反正有别人呢

1964年3月13日凌晨三点钟，在美国纽约发生了一起谋杀案，连环杀手温斯顿·莫斯雷在接连杀死两名女性之后，把罪恶的手伸向了年轻美丽的酒吧经理吉娣·格罗维斯。次日吉娣·格罗维斯冰冷的尸体被人发现，通过警方的调查和法医的尸检，警方发现吉娣·格罗维斯遇害的时间是凌晨三点钟，而吉娣·格罗维斯的死亡时间是凌晨四点多钟。令警方觉得奇怪的是：按照法医提供的医学报告和死者的生理反应来看，吉娣·格罗维斯死前虽然身有重伤，却仍有呼救的能力，她不可能安静地躺在地上等待死亡的降临，必然会全力呼救。

那么从吉娣·格罗维斯被刺到死亡这一个多小时里，难道周围就没有任何一个人听到吉娣·格罗维斯的求救吗？警方对吉娣·格罗维斯住所周围的邻居进行了追问，从邻居的叙述中，警方了解到了案件的真相。

在案发当天，吉娣·格罗维斯像往常一样结束工作后离开酒吧，踏上回家的路，将车子停好之后吉娣·格罗维斯往自己的公寓走去。走着走着，她发现有些不对劲儿，因为在她身后有一个可疑的男子一直紧紧地跟着她，这名可疑的男子正是凶手温斯顿·莫斯雷。

吉娣·格罗维斯立刻加快了步伐，此时她离自己的住处已经非常近了，温斯顿·莫斯雷知道自己被发现之后冲上去袭击了吉娣·格罗维斯。莫斯雷本想捂住吉娣·格罗维斯的嘴巴，不让她发出声音，但惊慌失措的吉娣·格罗维斯剧烈挣扎并大呼救命，莫斯雷见状从身上掏出随身携带的刀子，刺伤了吉娣·格罗维斯。

就在莫斯雷打算有进一步的动作时，附近公寓的住户听到了吉娣·格罗维斯的求救，纷纷亮起了灯，并打开窗户往外看，有人冲着莫斯雷大声吼道："放开她！" 莫斯雷见状连忙逃窜。惊恐万分的吉娣·格罗维斯拖着受伤的身体艰难地往家的方向移动，不久之后，住户们纷纷关上了窗户，熄灭了灯继续睡觉，夜晚又恢复了平静，只剩下吉娣·格罗维斯跌跌撞撞的脚步声和狂乱的心跳。

这时，看到周围平静下来的莫斯雷返回来继续作案，吉娣·格罗维斯连忙再次大声呼救，求救声再一次吵醒了附近的住户，住户们纷纷打开了灯和窗户，但他们都没有出去查看，莫斯雷又一次被吓跑了。这时吉娣·格罗维斯连忙赶到家门口，从口袋里翻出钥匙，想要打开家门。当吉娣·格罗维斯以为凶手这次已经彻底离开的时候，莫斯雷再次追了上去，并在楼梯上对吉娣·格罗维斯实施了强暴。

莫斯雷行凶的时间长达三十分钟，在他行凶的整个过程中，吉娣·格罗维斯曾多次呼救，虽然有至少 38 位居民曾经打开窗子查看，但却没有任何一个人从房间里走出来帮助吉娣·格罗维斯。

案件的真相被揭露之后，立刻成了《纽约时报》的头条新闻，并引起了举国上下的广泛关注。虽然这起谋杀案无论是从凶手的作案手段还是从案件的性质来说，都没有什么特别之处，但这起案子却引起了社会轰动。许多人对于这 38 个邻居的无动于衷、道德沦丧表示了强烈的谴责，吉娣·格罗维斯的死引发了人们对于大众的社会道德观的反思。

很多心理学学者也被这起案件勾起了好奇心，对这起谋杀案背后公众所表现出的冷漠行为进行了思考和研究。纽约州立大学的社会心理学家约翰·巴利和哥伦比亚大学社会心理学家比博·拉塔内并没有被众口一词的舆论所误导，他们认为并非是这些邻居道德沦丧、人性泯灭的缘故，而是另有原因。他们试图以一种更科学的方式来解释这些邻居为什么没有帮助吉娣·格罗维斯，为此两人精心设计了一个"癫痫病人发作实验"。

两个人以“都市大学生个人适应问题的必修讨论课”为名义，召集了七十二名纽约大学的学生来参与实验。目的就是为了观察这些学生在发现别人有生命危险的时候会采取什么样的行动。

为了营造与“格罗维斯谋杀案”同样的情境，约翰·巴利和比博·拉塔内告诉学生们，接下来的讨论将分成两人组，三人组和六人组进行。他们每一个都将单独被分配到隔间内，并通过对讲机按顺序发言。

实验开始之后，约翰·巴利两人播放了一盘事先录好的磁带，磁带中一个男同学在发言，这名男生称自己是纽约大学的一名新生，将自己入学之后遭遇的学习和生活上的困难一一讲述出来，并且说，当自己压力过大的时候，身上的癫痫病就会突然发作。而最近临近考试，他所面临的压力就更加沉重。

正当房间里参与实验的同学们安静地听这名“同学”讲述困惑时，意外突然发生了。通过通信设备，参与实验的同学清楚地听到那名男生越来越急促和艰难的喘息，紧接着这名男生的讲述也开始变得断断续续。忽然，通信设备中传来男生的一声高呼：“救命啊，我的癫痫发作了，谁来救救我！”然后是一阵喘息和桌椅碰撞、重物倒地的声音，最后通信设备恢复了安静。

确保每个参与实验的学生都听到了男生的呼救只是实验的一部分。实际上不同的分组听到的声音也是不同的：

一、六人组的学生听到的声音除去在隔壁房间“癫痫病人”的声音之外，另外四名“学生”的声音也是由录音假冒的，用来营造一种一共有六个同学共同参与讨论的假象。

二、三人组的学生听到的声音除去隔壁房间“癫痫病人”的声音之外，另外一名“学生”的声音也是由录音假冒的，用以营造有三个人共同参与讨论的假象。

三、两人组的学生听到的声音除去隔壁房间“癫痫病人”的声音之外，不再播放任何声音，让参与实验的人意识到只有自己和这名“癫痫病人”在参与讨论。

我们也许会在潜意识里认为每一个同学都应该会对这名“癫痫病人”施以援手，但实验的结果出人意料。在两人组的实验中，“癫痫病人”发作后，85% 的同学迅速跑到了工作间，报告有人发病，有的人甚至冲到了隔壁房间打算施救；而在六人组的实验中，只有 31% 的同学采取了行动，并且采取行动的同学反应速度非常慢。更多的人对此毫无反应，经过观察，约翰·巴利和比博·拉塔内发现那些三分钟之内还没有救助打算的人，之后也不会再对“癫痫病人”采取救援行动了。

尽管多名同学在这名“癫痫病人”发病后没有采取任何行动，但他们无一例外地对于这名癫痫病人的病情表现出了担心和紧张的情绪，当约翰·巴利等人走进房间的时候，这些人连忙围了上去，询问病人的情况。由此可见，这些学生并不是冷血无情、毫不关心他人生死的。

接下来，约翰·巴利等人告诉这些学生实验的真实意图，并对那些没有采取行动的学生进行询问，了解他们没有采取行动的真正原因。这些学生的回答非常相似。他们认为自己对于癫痫病并没有什么了解，即便去了也不能提供任何帮助，而那些在癫痫病人旁边的同学可能更了解如何对癫痫病人实施抢救，而且自己不做的事情，总会有人去做的，干脆就没有过去添乱。

当约翰·巴利等人询问他们别人的在场是否对自己的行动有所影响时，这些学生都表示没有，他们也没有意识到自己的无动于衷所带来的巨大影响。

通过这个实验，约翰·巴利等人推测，在格罗维斯谋杀案中，那些邻居并不是道德沦丧之辈，事实上经过调查，约翰·巴利等人了解到，格罗维斯谋杀案被媒体夸张报道了，案件的目击者并不是三十八个人，有的人只是听到了声音而并没有看到案发过程，而那些看到了整个案发过程的目击者在案件发生的时候也并不是无动于衷的，当他们看到凶手被大家亮起的灯吓跑之后，就回去继续睡觉了。当他们听到吉娣·格罗维斯的再次呼救时，下意识地以为刚才开窗查看的人那么多，一定会有人开灯阻止凶手的，便没有放在心上。

而且在案发过程中，当地的警方接到了至少一次报警电话。由此可见，这些邻居在目睹案发时也是非常矛盾和焦虑的，得知吉娣·格罗维斯被杀身亡的消息，这些邻居都陷入了深深的自责。

经过一番调查和实验，约翰·巴利等人对格罗维斯谋杀案发生时目击者的反应，给出了一个令人信服的社会心理学解释，并将其概括为“旁观者介入紧急事态的社会抑制”，简而言之就是“旁观者效应”。

旁观者效应，又称责任分散效应，即当单个个体独自去完成任务的时候，个体的责任感就会非常强烈，不但态度积极，采取行动的速度也非常快。但如果是一个群体共同完成任务的时候，那么责任感就会分散，最后落实在单个成员身上的责任感就会非常少，人们会下意识地选择推脱责任。这与前面提到的社会惰化效应在本质上是相通的，只不过前者侧重于责任，后者侧重于努力程度。

当一种紧急状况发生时，如果当时有其他目击者在场，就会造成很多人责任感弱化，袖手旁观的现象。随着目击者的增多，在场的人采取行动的可能性就会大大减少，而他们采取行动时耗费的时间也就更长。

社会惰化也是形成旁观者效应的重要因素之一，除了社会惰化之外，还有另外五个因素对人的心理造成影响，这五个因素分别是：利他主义动机、从众心理、道德因素、法不责众心理和人际关系等，正是这些因素的相互作用最终导致了旁观者效应的出现。

旁观者效应的出现并不是人们道德感沦丧、人性泯灭的表现，如果一个面临险境的人向我们寻求帮助，而我们意识到只有自己能够为其提供帮助的时候，我们必然会施以援手，因为见死不救要付出的心理代价是非常巨大的，我们很难承受良心的谴责和拷问，更无法面对内心深处汹涌而出的罪恶感。可是当周围有很多人和我们在一起，共同面对别人求助的时候，责任就会分散开来，有些人甚至会意识不到身上所担负的那份责任，产生一种“即便我不帮忙，别人也不会不管”的心理。所以说，在不同的情境之下，人们采取的援助行动也是不同的，人们的善良本性并没有消失，只是被旁观者效应给蒙蔽了。

在2016年4月发生的和颐酒店女生遇袭事件中，众多网友在观看了当事者在北京如家和颐酒店遭到陌生男子强行拖拽的视频之后，纷纷表示后怕，并针对女性的安全问题发起了一系列讨论。很多人指出社会上存在一种专门针对女性的犯罪团体，这些犯罪团体一般是团伙作案，作案方式也非常明目张胆，专门挑独行的女性下手，光天化日，当街作案。

比如一个女性在街上走着，会有几个人突然冲上前来，不由分说地打她几个耳光，然后痛骂“没良心的贱人，为了钱，连孩子也不要了”，并拖着受害人往偏僻的地方走，这时候路人都会以为是夫妻打架而不再插手。女性一旦被他们拖走，后果往往不堪设想。针对这种现象有网友支了几招：当女生在街上遭到陌生人冒充丈夫强行拖拽的时候，不要对在场的路人说我不认识他，而是要向周围特定的一两个对象进行求救。

这种特定对象是指那些身材健硕的男性，这样能够极大地激发他的责任感。求救的同时要尽量破坏周围人的财物，将周围的人卷到这件事当中，这样才能够有更多获救的机会。其实网友提供的这些方法，正是用来破坏旁观者效应的，只有把旁观的人变成了利益受到损失的当事人，才能够让他们没有办法再袖手旁观，从根本上打破旁观者效应，让自己摆脱险境。

当我们遭遇类似女性街头被强行拖拽的突发状况时，不应被旁观者效应所蒙蔽，而是要意识到自己所肩负的责任，联合周围的其他人，共同努力，为他人提供力所能及的帮助。只有这样才能最大限度地摆脱集体冷漠的局面，避免悲剧的发生。

第三节 ┃ 网络游戏成瘾——反正比女朋友有意思

网络上曾非常流行一个视频：在一个房间里，女生在床上裹着被子十分无聊地滚来滚去，而男生则守在电脑桌旁全神贯注地打游戏，娇俏可爱的女生凑上去盯着男生看了好长时间，突然生气地开口问道："你是不是不爱我了？"男生的游戏正打到了紧要关头，视线一点也不敢从游戏屏幕上移开，头也不回地答道："亲爱的，你想多啦，我怎么会不爱你呢！"女生不依不饶地说："可是你就只顾着打游戏。"男生理直气壮而又机智地回答说："这正是我爱你的证明啊，我不打游戏，难道要我打你吗？我怎么舍得！"一番话把女生噎得不知如何纠缠下去，乖乖地被这句情话所俘虏，跑到一边去了。网友看过后纷纷赞叹说："这哥们情话技能满了！"还有人表示，要学习这项新技能来回复女朋友。

网络游戏对于现在的青少年来说，确实是一个强大的诱惑。王思聪也是一位电子游戏爱好者，他拥有一个电竞队，在接受 BBC 采访的时候，谈到游戏风靡中国的原因时他认为：打游戏的确是一种解压的方式，让人们从平凡的生活，每天重复往返于学校与家之间，总是学习的生活脱离。网游之所以在中国如此流行，是因为在网络上，人可以拿掉自己的那层面具，表达自己心中真正所想，而不是迎合主流思想。

网吧里，我们常常可以看到很多青少年在打游戏，甚至有的人能够通宵不停歇地打游戏。生活中，我们也能听到很多女生抱怨男朋友只顾着打游戏，对自己缺乏关注。

小颖的男朋友小叶就是一名网络游戏爱好者。两个人相识于高中，刚开始的时候，小叶经常在课余时间带着小颖去校外打游戏。他挑选的游戏画面精美，制作精良，设定精彩，不仅适合男生玩，也非常受女生的欢迎。一进入游戏，小颖就被里边唯美的动画片段深深地吸引了，对网络游戏的好感度也日渐高涨。刚开始小颖不熟悉怎么操作，小叶便很有耐心地教她，直到小颖掌握所有的技巧。

后来，两个人经常在周末相约去网吧一起练级，下副本。在打怪升级的过程中，两个人的关系也越来越密切。由于游戏开发出了婚姻系统，两个人顺势在游戏里结了婚，而且，他们打游戏也越来越顺手。小颖非常享受在网游的虚拟世界里体验不一样的人生，在游戏中，她忘却了父母的期望和学业的压力，感受到了很多生活中没有的东西，杀怪之后的成就感、团战胜利的自豪感，都是现实社会中所体会不到的。这使小颖深深为之沉迷，小叶的沉溺程度则比她更深。

后来小颖在小叶的建议下尝试了其他游戏，这更使小颖沉溺在游戏所带来的快乐中无法自拔。相应的，两个人的成绩也下降得飞快，成绩单上鲜红的叉和可怜的分数像一记重重的耳光，狠狠地打醒了小颖和小叶。升入高三后，两个人面临高考，身上的压力相当重。经过一番讨论后，两个人决定相互监督，把注意力全部放在学习上，等考上大学之后再玩游戏。

有了压力之后，两个人都能很好地克制自己，互相监督的方法也有了一定的效果，虽然每次走过网吧都能清晰地感觉到身体的每个细胞都在叫嚣着要玩游戏，但他们都努力地将这些念头压了下来。

经过一年的努力，两个人终于如愿以偿地考入了同一所大学，虽然他们所选的专业不同，小颖选了自己喜欢的导游专业，小叶则遵从父母的意愿选了兴趣不大的土木工程，但这不妨碍两人的感情发展。

进入大学之后，两个人都配了电脑，打游戏也更加方便了。可能由于很久没有玩游戏了，再次登录游戏的时候，小颖虽然感觉有些怀念，却没有了以前的狂热，每次只玩三个小时的游戏就下线了，因为她觉得生活中还有其他东西比游戏更重要，比如考证、拿奖学金、实习以及她和小叶的未来。

但在这一点上，小叶和她有着严重的分歧。升入大学后，小叶如同脱缰的野马，一头扎进了游戏的漩涡，甚至连课也不上了，让室友帮忙应付老师点名。小颖找他出去玩，要么推三阻四，要么出去没逛多久就嚷着要回去。两人一起看电影时，小叶还经常迟到，迟到的原因除了游戏不作他想。小颖劝他不要玩游戏太久，尤其是不要熬夜玩游戏，小叶嘴上答应得好好的，但一转头就忘记了自己的承诺。

时光飞逝，很快到了小颖的生日。生日那天，小颖拿着提前预订的蛋糕去找小叶庆祝，在男生宿舍楼下等了大半天也没见到小叶的身影。小颖一个电话打过去才知道，原来小叶已经忘记了他们的约定，忘记了小颖还在楼下等他，一直忘乎所以地沉溺在游戏里。

接到电话后，小叶只好下楼，慢吞吞地走上前去见小颖，嘴里还嚷嚷着："我们正打着团战呢，你有什么事就不能改天再说吗？"

小颖觉得委屈极了，自己一个女孩子，过生日还要拿着蛋糕跑到男生宿舍楼下庆生，没有礼物和生日祝福就算了，竟然还被男朋友这样抱怨，何况两个人还是约好的。怒火高涨的小颖提起蛋糕掷向小叶，转身就走。小叶被砸得莫名其妙，心里也冒了火，骂了句"神经病"。小颖听到后和他争吵起来，说他只顾玩游戏，小叶则振振有词地为自己辩护，最终，两个人不欢而散。

后来，因为玩游戏的问题跟小叶吵了很多次的小颖觉得很累，便提出了分手。小叶听到后也没做挽留，在他看来，这样正好，终于再没人打扰他玩游戏了。

很多人之所以染上网瘾，并不代表网络游戏的魅力有多大，而是跟个人的心理有一定的关系。其实，很多人在玩游戏的同时也是在自我逃避，逃避现实，逃避生活中遇到的困难和挫折，逃避思考。越逃避，就越容易对网络游戏上瘾而无暇正确地认识自我。正是因为很多人没有考虑过自己究竟想过怎样的人生，没有想过为自己的人生制定一个远大的目标和详细的计划，所以才会为了消除迷茫和空虚而迷失在网络游戏之中。

就像上文中的小叶。小叶和小颖的差别在于，小颖对自己的未来有着明确的规划。小叶上大学之后就失去了奋斗目标，加上他不是很喜欢自己的专业，学习兴趣也不大，平时在班级中和其他同学的相处也不是非常融洽，但他没有想办法解决这些问题，而是选择借助网络游戏来进行逃避，在游戏中寻求认可和归属感。如果他能像小颖一样有确定的目标，并不断地为之努力，那他也能够获得成就感和充实感，就不会沉溺在游戏之中无法自拔了。

那么网络游戏就必须禁止吗？这倒不必，我们需要改变的是个人对待网络游戏的态度。在上网的过程中，应该注意遵守网络规则，有一定的安全防护意识，对自身的安全进行适当的保护，在时间管理方面有明确的计划，做到劳逸结合，提高上网的质量和效率。当生活中遇到困难和挫折时，纠正自己一味逃避的心态，做到勇敢面对，而不是像小叶一样借助网络游戏来逃避现实。

第四节 依赖症的自我治疗

每天早上，当你在床上睁开眼睛，第一件事情是做什么呢？有人说是起来刷牙洗脸，有人说是上厕所，还有人说是拉开窗帘看看天气好不好。可我们往往忽略了一个几乎每个人早上都会重复的举动，那就是拿起手机摆弄起来。有的人可能只是为了看看时间，看过时间之后会顺手查一查当天的天气情况，再翻一翻推送的消息，按需回复或直接忽略。做完这一系列的动作之后，才会从床上坐起来，穿好衣服、洗脸刷牙、准备早餐。如今，我们出门也许会忘记带钥匙，忘记带钱包，可唯一不会忘记的就是手机，因为带手机已经在无形之中成为我们的习惯。

到了外出就餐的时候，很多人都会下意识地拿着手机寻找有 WiFi 的饭店。有的人喜欢利用等饭的时间看一个视频；有的人喜欢利用店里的 WiFi 登录喜欢的 APP；有的人喜欢趁着吃饭的空当和亲朋好友来个 QQ 视频或 QQ 通话；还有人会借店里的 WiFi 下载游戏，这样既打发了空闲时间，又省了自己的流量。更有人认为，没有 WiFi 的餐馆，饭菜一定不好吃。而有无 WiFi 确实对饭店的营业额有着极大的影响，很多人看到饭店没有 WiFi 的时候，即便店里的饭菜再怎么物美价廉，也会不屑一顾。

为了招揽更多的顾客，很多餐厅都安上了无线网，提供免费的 WiFi 服务。当然，在很多餐馆安装 WiFi 的同时，也有人发出了微弱的抗议，个别店面固执地不肯跟随潮流。

前一段时间，网络上晒出这样一张图片：上面显示的是一家咖啡店的告示牌，上面写着："我们这里没有 WiFi，抬起头陪你的朋友聊聊天吧！"这是一则很有情怀的告示，可很多人感动之余还是发出了这样的感慨："网上也能聊天啊。""没有 WiFi 还喝什么咖啡！""没有 WiFi 一切免谈！"

到了晚上，更常见的是一个个夜猫子，举着手机逛逛论坛、聊聊天、看看视频或是电子书，兴奋得大半夜不睡觉。在现代社会中，人们对待手机、WiFi、网络的态度，恰恰说明了人们对于手机和网络的依赖。

网络依赖症是现今社会中的一个大问题。生活中很多人在遇到问题时最先想到的是什么？上网百度一下看有没有答案；遇到情感问题怎么办？到论坛上贴出自己的遭遇，请网友们帮忙开解或是提供解决情感问题的建议；买什么衣服比较好？服装怎么搭配？哪款车性价比比较高？这些问题我们通常都能在网络上找到五花八门的答案。并不是说这样不好，问题解决了，自然是一件好事，但因此而产生依赖就未必是什么好事情了。

试想一下，我们所居住的房子和工作的公司要断电或断网一天会怎么样？相信很多人都会抱怨连天；如果断网三天呢？很多网络依赖症患者肯定会暴躁不已、焦虑不安；如果断网七天呢？相信很多人只是想一想，就会忍不住要抓狂。虽然很多人并没有染上网瘾，但过度地依赖网络却是不争的事实，更不用说那些疯狂沉溺于网络游戏之中无法自拔的青少年了，不仅浪费了大好的时光，还耽误了学习，更会对身体健康造成严重的危害。

物质上瘾也是依赖症的一种。生活中我们一离开手机、网络，就会不由自主地紧张、焦躁、坐立不安，这正是依赖症的表现。依赖包含有生理依赖、心理依赖和耐受性三个方面。生理依赖又可以称作躯体依赖，和酒精依赖、毒品上瘾差别不大，都是因为反复使用某些物质。

抽烟和饮酒都能够令个体的神经系统和身体产生某种生理上的变化，身体里一旦缺少这类物质，就会产生一系列的生理反应，并会在精神上感受到痛苦和焦躁。为了消除这种痛苦，人们会为了得到这种物质做出常人难以想象的事情。人的细胞是有一定的抵抗力的，一个人长期使用麻醉剂的话，麻醉的效果会随着使用次数的增加而下降，因为细胞已经习惯了这种程度的麻醉，这时如果想再次对个体进行麻醉，就需要加大剂量。同理，由于躯体的耐受性，当个体对于酒精、毒品使用的次数过多时，其效用也会减弱。

心理依赖又称为精神依赖，当某一物质令个体的心理产生快感时，个体便会对其产生依赖心理。比如网络游戏，当我们进入到游戏世界中，按照任务杀怪。拿奖励时，我们会产生强烈的成就感和兴奋感。但是当我们从游戏转入现实生活时，面对生活中的压力则会产生强烈的落差，对现实的焦虑更让我们坐立难安。这时消除焦虑的方法有两个：一是逃避，快活一时算一时；二是直面问题，勇敢地解决问题。很多人都选择了前者，这个方法简便快捷，即便留下后患那也是以后的事情。抱着这种心理，很多人就会对网络游戏越来越依赖。一旦体会不到这种快感，就会情绪激动，暴躁易怒。

手机依赖症和网络依赖症如今已经演变为一个社会问题，很多人为了改变这种状况想了很多办法。比如在高校倡导“无手机课堂”。在开课前，每个同学将手机放入教室设置的收纳袋中，上完课后，再拿着自己的手机离开课堂。这样能够使大家在课堂上集中注意力，认真学习知识。

对于网络依赖症，现在也有了相应的治疗方法。厌恶疗法就是疗效好、治疗周期短、见效较快的一种。

厌恶疗法分为电击厌恶疗法、药物厌恶疗法、想象厌恶疗法三种，其中最安全的一种疗法为想象厌恶疗法，我们可以通过这一疗法来进行自我治疗。我们要对网络、手机等有全面客观的了解。手机和网络便捷了我们的生活，这是不可否认的，但它们也有一定的害处，长时间沉溺于网络和手机会对我们的身心健康造成严重的影响，这是不容忽视的。对此，我们可以找一些因为沉溺于手机和网络酿成大祸的新闻来进行自我警醒，令自己产生一定的畏惧心理和厌恶心理。对于较为严重的依赖症患者，可以在手上戴一根皮筋，当意识到自己不自觉地拿起手机或沉溺在网络中时，拉紧皮筋弹自己一下作为惩戒，直到重新将注意力投入正常的学习、工作为止。

100

生活中除了网络和手机，还有很多值得我们关注的事，仅仅靠朋友圈里的点赞并不能使彼此的距离拉近多少，在网络上聊得热络的人在现实之中往往无话可说。将注意力从网络和手机上移开，我们将会更深切地感受到生活的美好。

05 第五章

庄生晓梦迷蝴蝶

——走进梦中的奇妙世界

第一节 夜之华章——梦里不知身是客

在唐朝小说家、史学家沈既济的《枕中记》中，记载了这样一则故事。

唐朝开元年间，有一个名叫吕翁的道士，他走到邯郸的时候，看到一个骑着青骢马匆忙赶路的青年，这青年名叫卢生。两人一起寄宿在一间旅舍之中，坐在一块休息，两人因为彼此都通晓经史，所以聊得十分投契。

聊了一会儿，卢生看看自己的破衣烂衫叹口气说："大丈夫行走世间，却不能一展宏图之志，落得贫困交加，真是难堪。"吕翁说："你身体康健，举手投足从容有度，为什么还要说困窘呢？"卢生便将自己出将入相的志向讲给吕翁听。

讲完后，突然睡意袭来，他便打起了盹儿。这时，店主正在做饭，刚把黄粱放进锅里。吕翁从袋子里拿出一个青色瓷枕说："你枕着我的枕头，保证你的宏图大志能够一举实现。"卢生半信半疑地接过去，放在脑后，没多久就看到瓷枕上的孔逐渐变大，屋子里就出现了一束强光，伴着强光，卢生回到了家里。

几个月之后，卢生娶了清河崔氏的女子做妻子，他的资产也日渐丰厚，对此，卢生感到非常高兴，常常锦衣华服，出行必有车马。第二年的时候，朝廷开了恩科，卢生一举考中，并奉旨去渭南当了县尉。官运亨通的卢生一升再升，仕途一帆风顺，没过多久便被任命为地方长官。

卢生喜欢修筑水利工程，使当地的居民免受旱涝之灾。人们为了纪念他，专门给他刻了石碑来记录他的功德。

外敌来犯时，皇帝派卢生出任节度使，卢生神勇无比，杀敌无数，拓展了疆土，还建成了防御要塞来扼守要害，保证了边疆老百姓的安宁，边民们也立下石碑以歌颂他的丰功伟绩。

班师回朝之后，卢生被加官晋爵，一时位极人臣，权势过人。当朝宰相非常嫉妒他，就派人散布流言中伤卢生，自辩不及的卢生被贬为刺史。三年之后，他又被皇帝调到身边做常侍，进而升为宰相，一人之下万人之上。每天和同僚一起为皇帝出谋划策，维持国家的运行，被人们称颂为贤相。

没过多久，眼红的同僚们联手陷害他，诬陷他和镇守边疆的将军们勾结，图谋不轨，皇帝不由分说地将他关进监牢，卢生对妻儿说："我家境优渥，吃穿不愁，为什么还要追名逐利，加官晋爵呢？现在我人头不保，以前布衣小帽、策马而行的生活再也没办法享受到了呀！"说完就要拔刀自尽，好在被妻子给救了下来。不久后，几位宦官为卢生求情，保住了他的性命，可死罪虽免，活罪难逃，他被流放到一个不毛之地。

几年之后，皇帝查清真相，知道卢生是被冤枉的，便又令他官复原职，还册封为燕国公，非常宠信他。

卢生的几个儿子都才学过人，在官场上有着举足轻重的地位，十多个孙子也非常讨人喜欢。卢生逐渐衰老，多次请求辞官养老，但皇帝都没有允许。他生病了，皇帝还派了宦官和太医上门探望，上等的药材更是随便取用。

卢生临终时上奏折说："我本来只是山东一介儒生，每天种田劳作，生活得也很惬意，后来得到皇上的赏识，给我高官厚禄，让我一家享受无上的荣耀，我却没能够帮助皇上做更多的事，感到十分惭愧。现在我就要死了，在最后要感激皇上对我的恩宠和多方照料，感谢皇帝的厚爱。"

皇帝下诏书回复了他，在诏书中肯定了卢生的能力和他所做出的贡献，表达了内心的感谢以及对卢生年迈多病、药石无灵的遗憾。当天晚上，卢生就寿终正寝了。

这时，卢生伸了个懒腰，睁开了眼，发现自己还在那家旅店中，吕翁就在身边坐着，店主做的黄粱饭还没有熟，不过已经散发出香味来，眼前的一切都和入睡之前一模一样，卢生立刻站起身说："难道我刚才所经历的一切都只是在做梦吗？"

吕翁说："人的一生所经历的事情不过就是这些，再辉煌的功绩也不过如此。"

卢生听到后无比惆怅，过了一会儿，他转身向吕翁施了一礼，谢道："人一生的荣辱兴衰，通达与困窘，得到与失去，死去和活着，这些道理我都在梦中有了自己的感悟和理解。是先生你点醒了在下，在下受教了。"说完又磕了一个头，然后转身离开了。

黄粱一梦的典故就由此而来。从古至今，人们都不曾停止过对梦的解析和追问。每个人都会做梦，并且很多人都对自己所做的梦具有一定的寓意深信不疑，东汉的文学家、思想家王符说："梦，所谓日有所思，夜有所梦者也。凡夫俗子，总有所求。故梦之，多所得。无欲无求，无望无念。此之人少之又少。故，夫奇异之梦，多有收而少无为者矣。"

很多人对于梦境这个光怪陆离的世界有着强烈的好奇心，迫切地想知道梦所昭示的意义是什么。

中国是个不缺少神思奇想的国度，很多充满了浪漫主义情怀的诗人和小说家都将神奇的梦境和自身的才华、想象力等结合在一起，写就了一篇又一篇才华横溢的奇幻故事。所以，神奇的梦中世界便转化为文字展现在我们面前，其中最为著名的便是晚唐诗人李商隐的那句"庄生晓梦迷蝴蝶，望帝春心托杜鹃"了。在这句诗中，李商隐引用了庄周梦蝶的典故：在庄周还是漆园吏时，没事就喜欢坐在家里。有一天睡觉时，他做了一个梦，在梦里庄周变成了一只蝴蝶，蝶翅轻展，在花园中翩翩起舞，闲适地飞来飞去，惬意极了。以蝴蝶之身飞翔的感觉太逼真了，以至于让他完全忘记了自己是庄周这回事儿。醒过来之后，庄周竟然有些恍惚，分不清现实和梦境的差别，不知道是自己在梦中变成了蝴蝶，还是蝴蝶在梦中变成了庄周。

梦境就是如此的神奇，拥有着迷人的魅力，让人忍不住想要往深处探究。

第二节 日有所思，夜有所梦

关于解梦，有一则非常有趣的典故。

曹操曾因为担心自己的基业而梦到“三马共食一槽”，因为“槽”谐音为“曹”，所以曹操认为这个梦昭示着司马一门将要篡权。他也曾警示过儿子曹丕要对司马家多加防备，最好斩草除根，但曹丕不以为然，司马懿更是装出一副胸无大志、目光短浅的样子。后来，司马懿果然大开杀戒，把持政权。在司马懿死后，他的儿子司马师、司马昭相继执政，恰好印证了曹操“三马共食一槽”的梦。

除了历史典故之外，古人还有很多诗句也是关于他们的梦境以及隐隐透露梦境的由来，如陆游的“僵卧孤村不自哀，尚思为国戍轮台。夜阑卧听风吹雨，铁马冰河入梦来”和辛弃疾的“醉里挑灯看剑，梦回吹角连营”以及白居易的“唯是相君忘未得，时思汉水梦巴山”“心逐报书悬雁足，梦寻来路绕羊肠”等。这些诗句无一不是在对“日有所思，夜有所梦”这一理论进行注解。

梦是一种神奇的生理现象，是大脑的一种活动方式，从心理学的角度讲，梦是人们在睡眠的过程中，在某一阶段的意识状态之下所产生的一种自发的心理活动。当夜深人静时，人体的很多器官都暂停运作，处于休眠状态，但大脑不同，它仍旧要处理我们白天所接收的信息。有的信息看似被我们遗忘，实际上只是沉到了潜意识的深渊里。在潜意识之中有很多零乱的信息，这些信息可能是很久之前见到的一个画面、片段，或是一个执着的念头，我们之所以日有所思，夜有所梦，就是这些画面、念头所起的作用。它们极有可能是我们在白天时非常想做的一件事，或是令我们倍感激动的想法，可能因为在现实中没有得到实现，便会在睡梦中经由大脑的加工改造后反映到我们的梦境之中。

在动画片《大耳朵图图》中，就有这样一个情节：只要图图晚上一梦到厕所，总会尿床。这是图图的大脑对他的生理欲望与潜意识以及生活中的相关画面，进行加工处理之后所反馈的信息，也就是我们所说的梦境。

我们在生活中也会做各种各样的梦，都是跟我们近期的生活息息相关的。有的学生在高考前会梦见考题；有的人会梦到自己的成绩；有的人因为太想去看自己的偶像表演，就会在晚上睡觉时，梦到自己去了偶像的演唱会等。我们之所以会梦到这样或那样的事，无非是睡眠状态下大脑对信息的自发处理的缘故。

梦产生的原因有三种：物理因素、生理因素和心理因素。其中心理因素对梦境的影响最大。我国古代的思想家列子、王符、王廷相、熊伯龙等对于梦境的研究非常深入，他们认为，人的感知能力、记忆、思虑、情感、性格以及人的整个认知都会影响梦的产生及梦到的内容。古语提出的“人有所思，即梦其到；有忧，即梦其事”和“昼夜所思，夜梦其事”等理论都认为昼思是夜梦的主要原因。夜里所梦到的正是白天反复思考的事情的一种延续，大脑在重复记忆之下，就会对某件事情产生深刻的印象，到了晚上睡眠时，大脑仍旧会进行信息处理，所以，这种梦正是思虑的作用下大脑所产生的一种无意识的变相思考。

情感也会对人的梦产生一定的影响。有人梦到过世的亲人，在过世亲人祭日的时候就会更频繁地梦到他们，民间常说这是托梦。其实，这是因为我们对亲人的情感深或者是在亲人过世的时候大脑反复记忆了某些画面，虽然我们不常想起这些画面，但它们并没有消失，而是隐藏了起来，到了某些时刻就会被大脑自发处理而形成梦境。也有人会在梦到某个亲人之后，没过多久就会听到这位亲人过世的消息。

不同的性格对人的梦境也有一定的影响。古人说：“好仁者，多梦松柏桃李；好义者，多梦刀兵金铁；好礼者，多梦簠簋笾豆；好智者，多梦江湖川泽；好信者，多梦山岳原野。”正说明了梦境的存在与个人的性格有一定的关系。一个女子做梦梦到要请客，可家里没有食材了，出去买，但各个超市都没有，请客只好作罢。经过心理学家的分析发现，这名女子的性格较为内敛，不擅长拒绝他人，但她对于这次请客是万分不愿意的，在梦里她也没有直接拒绝他人，而是在食材这一点上进行了加工和处理，才做了这样一个梦，借由这个梦来实现自己不想请客的念头。

我们平时所做的梦跟我们的日常生活是分不开的，光怪陆离的梦中世界，也是由现实生活中的一些画面和念头拼接而成的，对现实生活并不能产生直接影响。我们不必为自己的梦而感到困扰，调整好自己的心态，迎接生活中的挑战才是我们该有的态度。

第三节 《爱丽丝梦游仙境》——少女梦中的华丽冒险

梦境的世界是怎样的？梦境之中有着什么神奇的东西？为什么有的人能够在梦境之中梦到很多光怪陆离的画面？为什么有的梦带着隐喻的色彩，总是让人忍不住想要将梦境和现实生活联系到一起？相信很多人对于梦的世界都无比好奇，古今中外的人们对于梦境的探讨可谓是从来不曾停下过脚步。

与安徒生、格林兄弟齐名的世界顶尖儿童文学大师刘易斯·卡罗尔有一部经典的作品——《爱丽丝梦游仙境》，这部作品自出版以来就引起了巨大的轰动，故事中的人物备受人们喜爱，成为儿童甚至是成人爱不释手的童话故事。近些年，在科技不断发展的情况下，它被搬上了荧屏，制作成音乐剧、动画、电影等。这部作品究竟有着怎样的魅力，能够令众人津津乐道和爱不释手呢？我们可以试着从电影出发来了解一下这部经典之作中的梦之神奇国度。

在 2010 年上映的由蒂姆·波顿执导的电影《爱丽丝梦游仙境》中，小女孩爱丽丝已经长成了一个妙龄少女，19 岁的爱丽丝已经是面临婚嫁的年纪了。过去的那些年，她一直生活在一个富庶的大庄园之中，生活安逸，衣食无忧，在社会环境的影响下，爱丽丝长成一个高贵的淑女，变成了所有人期冀的样子，忘却了年幼时的神奇经历。爱丽丝的生活的确没有任何值得烦恼的事情，直到在她的生日宴会上，她被一名家财万贯的富豪之子哈米什求婚。哈米什的确很富有，但愚笨、木讷的性格却实在让人不敢恭维。爱丽丝清楚自己不爱哈米什，更不想嫁给他。此时的爱丽丝有两个选择，拒绝哈米什，或者嫁给哈米什，但爱丽丝却没有选择两个选项中的任何一个，她选择了逃避。

在庄园之中，爱丽丝发现了一只奇怪的兔子，它穿着背心，拿着怀表。爱丽丝追着这只兔子到了一个树洞前，趴在洞边探看的爱丽丝却不小心失足掉了下去。在喝下了桌子上能够变小的药水之后，爱丽丝拿着钥匙打开了一扇非常小的门，进入了一个梦境中的奇幻世界。

在梦境中，爱丽丝见到了长着翅膀的飞马、长着人脸的花朵、会说话的各种动植物。在智慧之虫向爱丽丝展示《预言书》中的奇妙日时，一个人对爱丽丝说："你将在奇妙日那天手执斩首剑杀掉恶龙。"爱丽丝的反应非常直接，她说："那不是我。"

这种毫不犹豫的逃避恰好显示了爱丽丝性格中软弱的一面。爱丽丝掉进兔子洞正是为了躲避现实中的烦恼，可即便到了梦境之中，她却依旧要面临选择和烦恼，因为她就是《预言书》之中预言能够拯救梦境世界中所有生物的人，她不得不陷入梦境世界的派系斗争之中。红桃女王依仗着恶龙的力量统治着这个奇幻的梦中世界，在她任性残暴的统治之下，梦境岛的居民生活得异常艰难，都在等待着爱丽丝的出现，帮助白色女王杀死恶龙。

在红桃女王卫兵的追赶之下，爱丽丝一路逃亡，途中她遇到了一只面带微笑、飘浮在半空中的猫，在猫咪的带领下，她见到了疯帽子先生。在和梦境世界众人的交涉之中，爱丽丝一直抱着退缩的心理，她认为她所见的一切都只是一场梦，梦醒了所有人都会消失。面对着众人的殷殷期待和恳切请求，爱丽丝所作出的选择和现实中一样，她抱着逃避的心态说："您认错人了。"

和面临求婚时的心态一样，但爱丽丝终究要做出一个选择。在智慧之虫的提示之下，爱丽丝回忆起 9 岁时的经历，她曾经来过这个梦境，曾经和这个梦幻世界的人在一起生活过、战斗过，她甚至可以成为这个世界的一部分。在红白女王的斗争中，爱丽丝最终选择勇敢地站出来，杀掉恶龙，推翻红桃女王的残暴统治，解放梦境世界中水深火热的众人。

故事的最后，恶龙被杀，红桃女王被流放，爱丽丝可以回到现实世界了，但疯帽子先生想要挽留爱丽丝，爱丽丝还是执意要回去。在梦境之中，爱丽丝学会了不再逃避自己的生活，学会了选择，学会了解决问题，她选择回到现实世界之中。梦醒了，爱丽丝从兔子洞中爬了出来，回到了求婚现场，果断地拒绝了哈米什，并表达了对姐姐的祝福和对花心姐夫的警告，立志成为一个勇敢而坚强的人。

在梦境之中的经历让爱丽丝由一个软弱的小女孩蜕变成了一个直面现实、勇敢前进的女强人，生活中每个人都会经历这样一个过程，经历自我实现与他人期待的挣扎。爱丽丝面对着万众瞩目的期待，她知道现实生活中别人无一例外都是让她嫁给她并不喜欢却非常富有的哈米什。梦境之中，别人希望她能够拿起斩首剑，成为屠龙救民的英雄。但她自己的内心深处却有不同的意见，她不想嫁给哈米什，也不想被迫拿起剑，但她既不忍心让别人失望，又不愿意强迫、委屈自己，才会选择逃避。然而，在梦境之中疯帽子的遭遇和红桃女王的残忍让爱丽丝认识到了自己所肩负的责任，软弱的爱丽丝实现了自我审视和改变，由最初的退缩、犹疑、逃避转变为勇敢、坚定，在斗争的过程中实现了自身的成长。

爱丽丝和《枕中记》中卢生的选择不同，卢生在梦中经历过自己的一生之后表现出了对尘世权力名望的释然，他的心态改变之后，选择了隐遁尘世，逍遥地度过一生；而爱丽丝的选择却完全相反，她选择入世，即回到现实之中，承担家族的责任，这大概是中西方文化的差异所引发的不同理念以及对人生的思考。对于爱丽丝来说，梦境之中的际遇对她的人生有着很大的帮助。每个人终究要面临选择，逃得过一时，逃不过一世。自己的命运终究还是要握在自己的手中。

第四节 | 即视现象——梦中的事情在现实中发生了

小路是一名初中生，人聪明伶俐，性格也活泼可爱，在班级里非常受欢迎。不过最近她却有些苦恼，因为她发现自己的梦境居然在现实之中重新出现了。那是在一个蝉声低鸣的中午，同学们都趴在桌子上午睡，小路也不例外，不过她没睡多久就被走进教室的一名叫莉莉的同学吵醒了，小路醒过来之后感觉头有点蒙，但她脑海里却恍惚闪过同样的场景，在那一瞬间她产生了一种似曾相识的感觉，小路以为自己是在做梦。然而在掐了自己一把之后，她才将梦境和现实区分开。

小路记得在梦中，莉莉走到自己的座位上之后用右手拉开了椅子，坐了下来，跷起了二郎腿，并拿起桌上的一本物理练习册当作扇子扇了两下风，还对着睡眼惺忪的男同桌说了一句："抱歉啊，吵醒你了，你接着睡吧，上课了我叫你。"

眼看莉莉马上要走到座位上，小路连忙拉着同桌琪琪的手小声地说："你信不信，等一下莉莉会用右手拉开椅子，坐下来，跷着二郎腿，并拿一本物理练习册扇风。"琪琪白了她一眼，正想反驳，便看见莉莉坐下来之后的行为举动和小路说的并无二致，然后琪琪听到小路和莉莉几乎是同时开口说了那句话："抱歉啊，吵醒你了，你接着睡吧，上课了我叫你。"一字不差，琪琪当时非常震惊，想了一会儿，她看着小路问道："你不会是和莉莉串通起来骗我的吧！"

小路只是把自己梦见的情景随口说说，没想到全都应验了，她显然也被自己的"预言能力"给吓到了，连忙摇摇头说："你可以向莉莉求证，我绝对没有和她串通，这些都是我在梦里梦见过的，分毫不差。”琪琪半信半疑地走到莉莉的桌子前求证真相，小路看到莉莉对琪琪的问话表现得非常困惑，在琪琪耐心的解释之后，莉莉摇了摇头，然后和琪琪一起看向小路，她们的目光中满是探究和吃惊。

很快小路就变成了同学们口中的“巫女”，这让小路哭笑不得，因为她自己也没有办法解释为什么自己所做的梦会重现在现实之中，虽然同学们给起的绰号并没有什么侮辱的意思，但这仍旧让小路觉得不舒服，尤其是那个细节分明的梦，更令小路费解。

其实，有着似曾相识的感觉的只是小路一个人。一名高中男生也曾经梦到过自己在下课期间去水房打水，梦境里他模糊地记得打水的过程中遇到的每个人穿的都是什么样的衣服，在路过一个校园商店时，他看到一名男生正在店门口打电话，水房附近的一棵合欢树花开得正好，风吹过来，他甚至能够嗅到空气中弥漫的合欢花香味，他将水壶接满热水，回来的路上，热水壶的内胆突然爆开了，热水淌了一地，所有人的目光都被他吸引，路过的女生还幸灾乐祸地笑出声来，所幸他没有被烫伤。

当时做完这个非常逼真的梦之后，男生虽然对梦中的细节历历在目，可没有在意，没过多久就把这个梦给忘记了，直到那天他提着热水瓶去水房打水，男生突然觉得这场景有一点熟悉，在他去水房接热水的这段路程中，梦中发生的事情一件一件地重演了。当时他只是以为自己去水房的次数太多了，才会有这样熟悉的感觉。直到他看到商店门口打电话的男生，嗅到风中的合欢花香，最后是砰然爆炸的水壶以及路过的女生幸灾乐祸的笑，才让他坚定地相信不是自己的记忆出了问题，而是梦境真的重现在现实之中了。

生活中我们很多人都有过这样的经历，当我们在做什么事情的时候，恍惚之间想起自己做这件事情的一系列举动非常熟悉，甚至是在梦境之中曾经做过同样的事，只不过做梦的时候我们没有太在意，没有放在心上，一转眼就忘记了，然而再次做这件事情的时候，曾经的梦境就会被唤醒，我们自然而然地产生了似曾相识的感觉。

狄更斯在他的《大卫·科波菲尔》中说过这么一段话：“我们都有一种偶然而生的感觉，觉得我们所说所做的是很久以前所说所做的事情，觉得我们很久以前曾被同样的面孔，同样的事物，同样的环境围绕，觉得我们很清楚再往下去要说些什么，仿佛我们突然记起这一切一样，我一生中，再也没有比他说那番话之前对这种神秘现象感受得更为深刻的了。”很多时候我们在经过某个地方的时候，也许这个地方我们从来不曾见到过，从来不曾造访过，却依然觉得无比熟悉，觉得自己曾经来过这里。事实上，这是一种非常普遍的即视现象。

据统计，世界上有 70% 的人在一生中至少经历过一次这种即视现象。即视现象又可称为即视感。在网上我们可以看到很多网友在评论视频或者其他作品的时候会这样说“这强烈的即视感是怎么回事”“大片即视感”“欧美风的宫廷即视感”等等。即视感是什么呢？从字面的意思来讲就是似曾相识之感，觉得眼前所见的场景非常熟悉，每个细节都知之甚详，对于接下来要发生的一切了如指掌。就像是当前发生的事情以前曾经发生过，而个体曾经亲身经历过一样。问卷调查显示，在三分之二的成年人身上至少发生过一次即视现象。这种即视现象在青少年时期发生的频率很高，随着年龄的增长而逐渐消失，这也是即视感的一个共性。

我们所经历的“某种场景好像在何时经历过”“某种感觉好像在何时有过”以及“某个地方仿佛曾经去过”等即视现象，一般被认为是潜意识和大脑的共同作用之下产生的，也是人们大脑中知觉系统和记忆系统相互作用所产生的结果。我们的知觉会对信息进行分类，有时我们会忽略一些曾经看到过的画面或是接收到的信息，但大脑和潜意识会帮我们记住。在我们产生某些似曾相识的经历之前，我们必然做过与之相关的事情，如文中高中男生经常去打水，小路也曾经看到过莉莉进教室、跷二郎腿，这些信息都被大脑在无意之间记录了下来，也就是说他们已经有了相关的记忆。

大脑的运作往往比较迅速，记录得也非常全面，我们没有放在心上的细节都被大脑记录下来，存进了潜意识，就像莉莉的物理练习册，打水的高中男生看到的商店门口打电话的男生和嗅到的合欢花香，也许平时见到了不会特别注意，但是在梦中，大脑对这些信息做了处理，将零碎的记忆片段根据我们的生活习性和认知系统拼接成连贯的符合事实的画面，通过梦境反馈给我们的意识。这些梦对于当时的我们来说虽然离奇、逼真，实际上却并无特别之处，我们自然会下意识地感觉无关紧要，而抛在脑后，但只要类似的情况再一次出现，我们的大脑就自动调动之前的记忆碎片，令我们产生所谓的即视感。

人的大脑有着强烈的自我认知能力和自我反省能力，它不仅能够帮助我们收集生活中的信息，还能够根据我们的性格特征、兴趣爱好、习惯、经历、特长等对我们的未来走向进行一定的判断和预测，所以我们才会做一些分外逼真的梦。脑研究的专家认为这种即视现象之所以出现还跟大脑一侧处理信息快于大脑的另外一侧有关。当我们的大脑处理信息是由较为缓慢的一侧进行时，就会和处理信息较快的另一侧当前的印象相重叠，从而产生即视现象。

第五节 弗洛伊德——《梦的解析》

每个人都会做梦，我们所做的梦究竟有什么深意呢？相信很多人对于这一点都无比好奇。

弗洛伊德所著的《梦的解析》从心理学的角度来解析梦，是这一领域的开山之作。随着现代社会的发展，科学知识的普及以及心理学的不断进步，人们更愿意以贴近现代生活的理论——《梦的解析》去诠释自己的梦境。弗洛伊德的《梦的解析》的确是剖析人心，了解梦境和个人意识的重要工具。

在弗洛伊德看来，梦不是偶然形成的联想，而是潜意识的欲望和儿时欲望伪装的满足，梦中所出现的一切内容都是被压抑的欲望和本能所作出的伪装，我们梦中所见的画面都有着一定的隐喻和内涵，必须通过分析和解释才能找到梦境的根源。

在《梦的解析》中弗洛伊德谈到，对于梦的研究一般包括做梦的动机、梦的题材及来源、梦的工作过程三个方面。梦的动机即我们为什么会做这样的梦，而不是梦到其他的东西。我们可以发现，在电视剧中经常会出现这样的情节：饥肠辘辘的乞丐在墙角做梦，梦到自己在啃鸡腿，怎么啃也啃不完。为什么乞丐不是梦到自己穿着锦衣华服，乘坐华丽的马车，奔驰在官道上呢？是因为他目前迫切需要的东西是食物而不是衣服、车马。至于为什么是鸡腿而不是桂花糕或是大包子，这可能就跟乞丐的经历有关系了，也许他曾在某个地方讨饭时吃过鸡腿，那美妙的味道让他念念不忘，才会做与之相关的梦。

生活中，我们做某种梦也许恰恰表示梦里出现的一些画面正是我们内心深处所期望的事情。在现实之中我们的一些想法或愿望是无法实施、达成的，但我们又不甘心就此放弃，以至于在脑海中一遍又一遍地进行思考和联想，才被我们的大脑记录下来，加工成梦境反馈给我们。

梦的题材来源于我们的生活，有时候我们所做的外星人入侵地球或是丧尸围城的梦，就是因为曾经在清醒状态时看到过类似的画面，也许是漫画，也许是电视剧，也许是电影。我们看过之后深受震撼，虽然当时不甚在意，但大脑是个称职的储存器，它会将这些素材一一保存下来。

梦的工作过程能够总结成四个词语：凝缩、转换、组装、润饰。这个过程就像我们对一段视频进行剪辑，能够令两部不同作品中的人物出现在同一段视频之中，大脑会对各种信息进行自主剪辑拼凑组装，成为一个完整的梦。

我们在清醒状态时，大脑也在飞速地运转，将我们所见的画面和所接收的信息一一存储下来，分门别类，转化成记忆。其实，我们的大脑就像是一个巨大的储存硬盘，声音、味觉、嗅觉、视觉都有各自的文件夹，大脑会自动进行分类存储。

有时候我们会忘记某些事情，只是在记忆的海洋中没有调出我们所需要的记忆罢了。我们的大脑有强大的自主能力，在我们陷入睡眠或是神志不清的时候，各种乱七八糟的念头就会纷纷浮出来。有时候我们能在恍惚之间想起很久之前遗忘的一件事，因为这些信息被大脑输送到了我们的意识层，当然是经过大脑简单处理的。有时候会发生记忆错乱的情况，或者在梦境之中，我们将这件事中出现的情节转接到另外一件事上。这是因为大脑对我们记忆中的画面进行了移植和重新拼接。

也正是由于以上这些因素，我们在释梦时不能单单地从梦到的现象上进行解析。很多时候，梦只是一种意象语言，是无意识展示给意识看的一个窗口。有时我们解析梦境需要通过分割的方式来对梦中的事物逐个进行分析，或是联系在一起作为一个整体去分析，才能认识到这些在梦境之中所出现的事物的真正寓意。

举个例子，一个男孩在白天的时候和他的邻居发生了剧烈的争吵，邻居不让他在院子里踢足球，因为会打扰自己打麻将。他一赌气，想将地上的足球朝着邻居的窗户踢过去，狠狠地踢碎那扇窗户。在妈妈的劝解下，他虽然没有这样做，但他的内心却久久不能够平静，一直想着这件事，直到他睡着才停止。

在睡着之后，他做了一个梦，梦见自己正在和一只青蛙抢一块拼图，自己没有抢到。愤怒之下，男孩骑着一辆山地自行车冲向抱着拼图的青蛙，把青蛙撞飞了，青蛙摔倒的时候还压断了椅子和板凳。经过分析我们可以判定，青蛙即男孩的邻居，两个人所抢的拼图实际上就是在院子里踢球的权利，男孩梦中所骑的那辆山地自行车就是足球，压断的椅子和板凳象征着想象中被踢碎的窗户。

梦中所出现的一切景象，其实都与人的潜意识和内心需求有着千丝万缕的关系。与其说梦境是在预示未来，不如说它是对过去生活经验的一种重新组装以及对内心真正需求的表达。

梦对我们的生活是有一定好处的，它能够帮助我们解决心理矛盾和释放压力，上文中的男孩就是最好的证明。而我们所做的噩梦，有时也是我们内心深处不想面对的事情，是我们内心恐惧的体现，这些恐惧是我们必须面对和克服的，梦在这时是对我们善意的提醒，是大脑在通过一种特别的方式提醒我们对自己恐惧的事情保持一定程度的重视和警惕。

梦境还能满足我们的某些幻想，我们可能有些念头在现实之中难以实现，但在梦中没有了束缚和顾忌，可能会完成自己的心愿和想法。在我们进行释梦的时候，正确的分析能够帮助我们看清梦境的隐喻，看清内心真正想要的东西，帮助我们在现实之中做出更好的判断。

120

适当地做梦能够帮助我们排解压力，促进心理健康，但频繁地做梦，甚至因此影响正常的工作和生活，极有可能是因为压力过大，或焦虑、抑郁等负面情绪严重所致，这时就有必要考虑就医了。

第六章 06

水面下的冰山

——潜意识与自控能力

第一节 ┃ 塞利格曼的狗——习得性无助

蓓蓓是一个高中生，是大家眼里的乖乖女，虽然学习成绩不好，但她非常努力，坚信付出一定会有收获，勤能补拙。她在课堂上不仅认真听讲、做笔记、积极回答问题，课下也经常是书不离手，几乎把除吃饭睡觉之外的所有精力都用在了学习上。在各科老师的眼里，蓓蓓是一个勤学好问、非常努力的女孩，只是学习的方式有些问题，不注意劳逸结合，在学习上有“一口吃成胖子”的心态。

蓓蓓和班上成绩好的学生关系特别好，尤其是考了全班第三名的小希。在蓓蓓妈妈对班主任的请求下，蓓蓓和小希成为同桌，两个人形影不离。蓓蓓希望自己能够近朱者赤，借助一个好的环境和成绩优异的伙伴来带动自己的学习热情，提高自己的学习成绩。

班上另外一个女孩小涵是蓓蓓初中时期的好朋友，两个人按照约定考上了同一所高中，分到了一个班级。但小涵对学习的兴趣不大，常常是挑自己喜欢的科目去学，对于不喜欢的科目看也不看一眼。上课时，有心情了就多学一会儿，没心情了就在底下看小说、吃零食、和同学聊天等。蓓蓓总是劝说小涵，但小涵不听，蓓蓓说的次数多了，小涵就会觉得烦，便疏远了蓓蓓，两个人的关系也越闹越僵，曾经的好朋友如今形同陌路。

更让蓓蓓头疼的是，命运好像在捉弄她，因为不管她怎么努力，她的成绩却始终上不去。期中考试时，看到惨淡的考试成绩，蓓蓓认为是自己的学习方法不对，才导致自己考了这么低的分数。开学之后，蓓蓓咨询了好多成绩优秀的学生，并将他们的学习方法整理了一下，结合自己的性格制定了一个较为合理的方案，并投入了更多的精力。然而，英语和数理化本就是蓓蓓的弱项，不管她做再多的习题，背再多的单词和公式，蓓蓓依旧不能很好地运用所学的知识。

期末考试时，考卷一发下来，蓓蓓就先看了后边的大题，可是一看她心里更没底了，因为这些题都是她没有做过的，平时死记硬背的公式和概念，到现在却怎么也想不起来。几场考试下来，蓓蓓越来越沮丧。成绩公布之后，蓓蓓发现自己不仅没有进步，反而退步了不少。同桌小希看到她努力却没有任何回报的结果，也为之惋惜，但更令蓓蓓感到不公平的是，平时都不怎么学习的小涵居然考得比她还好。

小涵看过成绩单，对着周围的同学颇有深意地说："死读书有什么用，到最后不还是考那点可怜巴巴的成绩。"旁边的几个女生也附和道："可不是嘛，有些人埋头苦学一整年不还是那个样子。我们只要复习几天，成绩就比她高，你说这人努力了又有什么用呢？"

蓓蓓这次似乎被打击得非常重，那句"努力了又有什么用"被她在心里反复默念着，她觉得自己的能力真的没有想象中的那么强，甚至非常笨。所谓的"付出就会有收获""笨鸟先飞""勤能补拙"全部都是骗人的，如果真的有用的话，为什么她努力了整整一年，却一点收获也没有，甚至还比不上那些平时只知道玩的学生。

这一结果让蓓蓓染上了悲观的情绪，对学习丧失了信心，就算是非常重要的课程，也变得漠不关心，好像一切都没有了意义。

班主任发现了蓓蓓的变化，找了其他同学了解过情况之后，专门找她去办公室谈话，并解释说这回期末考试的卷子出得太难了，其他同学的成绩也不是特别理想，让她不要丧失信心。但蓓蓓认为这是老师善意的谎言，虽然也想再努力一下，可一想起努力也没什么用，便失去了学习的劲头儿。蓓蓓丧失了学习的兴趣之后，成绩下降得更为明显了，但蓓蓓反倒不在乎了，索性破罐子破摔，彻彻底底地开始混日子。

蓓蓓的这种感受在心理学上称为习得性无助。

习得性无助又称塞利格曼效应，指一个人在经历过挫折与失败的打击之后，生活态度变得悲观，在遇到问题时会产生一种束手无策、无奈至极、无能为力的心理和逃避行为。蓓蓓就是这样，当她不管怎么努力，学习成绩始终上不去的时候，她就把原因归结到了自己的智力上，认为自己天赋太低、能力差，比不上别人。这种失败者的心理让她沉浸在一种绝望无助的心态中，并逐渐影响了她的学习生活态度，更引发了她对自身能力的质疑，产生了巨大的绝望感和无助感，丧失了对生活和学习的动力和积极性。

习得性无助这一概念是美国心理学家塞利格曼 1967 年在进行动物实验时提出的，他曾用狗做过一个经典的实验。最初，他把狗关在安有蜂鸣器的笼子里，每当蜂鸣器发出响声的时候，狗就要承受毫不留情的电击，困在笼子里的狗无处逃避，只能承受。电击的剧烈疼痛让狗忍不住倒地哀嚎，浑身颤抖。这样的实验过程重复多次之后，打开笼门，再次让蜂鸣器发出响声，然后实施电击。这时，一个奇怪的现象出现了，狗没有试图通过走出笼子来逃避电击，在蜂鸣器作响、电击没有到来之际，它便开始倒地哀嚎，并且浑身抖个不停。狗本来可以通过逃跑的方式来避开电击的痛苦，但它却没有主动逃避，而是绝望地等着电击的痛苦降临，这一行为就被称为习得性无助行为。

宾州大学的马丁·赛利曼完善了这一实验。他把狗笼的钢制格栅地板通了电，狗最初进入笼子的时候因为受到电击而惊恐地连声哀叫，浑身颤抖，并且狂奔不止，当狗通过赛利曼设置的障碍时，电击就会停止，重复多次，狗很快就知道要通过障碍来逃避电击。接下来，赛利曼把狗的腿用绳子拴在另外一个通电的笼子中，使它无法移动，只能承受电击，重复多次后，赛利曼将狗放回能够逃脱的笼子。这时狗跑了起来，不过很快它就停在了原地，默默地等待电击结束，而不是越过障碍，逃避电击的痛苦。

到了 1975 年，塞利格曼将人选为实验对象。他选择了一些大学生，并把他们分为三组。让第一组听噪音，这一组的学生没有任何方法能够令噪音消失；第二组学生虽然也听同一种噪音，但通过努力之后，他们能够令这种噪音消失；第三组则不给听噪音，当作前两组的参照。

这三组大学生在各自的实验条件下多次重复这个实验过程之后，塞利格曼开始进行实验的第二步。这一步骤需要的实验装置是一个手指穿梭箱，当手指放在穿梭箱的左侧时，穿梭箱就会发出强烈的噪音；当手指放在右侧时，噪音就会消失。第一组的同学完全不会尝试通过摆弄这个装置使噪音停止，他们的手指始终放在左侧不曾移动。而第二组和第三组则试着通过各种努力来停止这种噪音，并取得了成功。

通过这个实验，塞利格曼发现人类也有习得性无助。此外，塞利格曼还发现这种习得性无助能够对人们之后正常的学习、工作、生活等行为产生极为消极的影响。

人们之所以会产生沮丧、消沉、抑郁、无助的情绪，就是因为在潜意识之中形成了固定认知，也可以说是给自己打上了“无能”的标签，认为自己之所以一事无成，就是因为能力和智力比他人差，所以任何事情都做不好。在面对问题时，第一反应就是“反正也做不好，索性就不做了”“自己再怎么努力也改变不了事情的结果”，在这种消极的心理暗示之下，个体就会自我放弃，丧失拼搏的劲头，会变得抑郁、消沉、一蹶不振，不能全力以赴地去做事，甚至有可能患上抑郁症。

要想摆脱习得性无助的枷锁，我们要改变潜意识中关于自我的错误认知。其中，正确归因和认知干预是摆脱习得性无助的两个重要的方法。

当我们遭遇挫折和失败的时候，我们免不了要查找原因，在我们查找原因的过程中，是否将所有的错误都归结于自己的能力或是命运呢？有的时候失败的原因是非常复杂的，但一次失败并不代表我们能力差，注定要一败涂地。做到正确归因才能够真正吸取宝贵的教训，而不是被一次失败打击得丧失了拼搏的勇气。生活中，对于一些微小的进步和成功要进行记录，增加自己的信心以及对自身能力的认可。

此外，我们还要注意干预自己潜意识之中的固定认知，给自己一个勇敢尝试的机会，不要轻易放弃，更不能轻易地下定论，认为自己注定一事无成。要坚信一切皆有可能，做一切自己能做的事情，只有付出努力之后才能知道自己究竟行不行。要正视内心的无助和沮丧，找到正确的方式来消除它，战胜它、而不是用负面情绪和定势思维来滋养它。

第二节 | 催眠与潜意识的密切关系

潜意识是人体巨大的记忆仓库，在潜意识中，隐藏着人类数百万年以来的遗传信息，这些信息就像一座巨大的信息金矿。但我们在清醒的状态之下很难对这座金矿进行发掘，催眠就是对这座“金矿”最便捷的开发方式。

一些记忆在意识之中也许不留痕迹，但在潜意识之中，有它存在的蛛丝马迹。只不过这种记忆被我们的理智和清醒的意识人为地屏蔽了，就像一扇门，门外是意识，门里是潜意识，守门的是我们的理智，催眠能够让我们的理智暂时休息，从而打开封闭着潜意识的大门。

相信很多人都对催眠这个概念不陌生，在电影中，我们常常可以见到各种催眠师对人进行催眠的场景。最常见的大概就是催眠师手上拿着一只被长长的链子拉住的吊坠，拽着链子顶端不停地左右摆动吊坠，接下来，催眠师会示意接受催眠的人用双眼盯住吊坠，并说：“你看着这个坠子，眼睛随着它一起晃动”“你现在很困很困，我数到三，你就会睡着”“在你的面前有一扇门，你把它推开，门后边就藏着你的秘密”……

这时，吊坠摆动到哪里，接受催眠者的视线就会跟到哪里。用不了多少时间，接受催眠的人就会被催眠，并在催眠师的询问下，毫无保留地回答问题。

知道催眠之后，很多人都会对这一新鲜的事物产生强烈的好奇心，催眠到底是什么？为什么会这么神奇？真的能说出深埋于潜意识的秘密吗？

许多人觉得催眠极富神秘色彩，类似一种巫术，其实这是对催眠的误解。催眠是一种古老而又充满活力的心理治愈和调适技术。古代曾有这样一则故事，一个人患了绝症去求医，大夫也觉得他的病没救了，但又不忍心让病人伤心，便拿益气补血的药丸子给病人吃，并说这药是能够救命的。病人真以为是灵丹妙药，每天按照大夫的吩咐服用，居然又活了很多年。这其实就是大夫的一种心理暗示。

催眠以外在力量作为引导，让人的显性意识活跃度降低，进入暂时的休眠状态，打开了禁闭潜意识的那扇门。也就是说，催眠就是通过某些语言和动作的引导，把一个人从清醒的意识状态带入潜意识状态。催眠的过程，也就是和被催眠者的潜意识进行沟通对话的过程。

在催眠的过程中，人的精神得到了放松。被催眠时，被催眠者的状态跟进入了真正的睡眠状态有些相似，但催眠并不等于睡眠。事实上，人在睡眠状态下是无法接受任何催眠暗示的。

被催眠时，被催眠者进入了一种似梦非梦、似醒非醒的状态。有明确的意识，但对自己被催眠的事实却没有清醒的认识，只觉得身心都处于放松的状态。这时，被催眠者和催眠师保持着密切的感应关系，在催眠师的引导之下，显性意识活动频率下降，潜意识活动非常活跃。个体被催眠时，服从性得到了显著提高，接受暗示的程度也大幅度提高。而对于周围其他刺激的反应则降低，只对催眠师的引导有反应。

催眠一般被用来治愈心理创伤，在徐峥主演的电影《催眠大师》中有这样一个情节：徐峥扮演的主角帮助一个不慎将女儿碾死的父亲，让这位父亲在催眠状态下对女儿做出道歉，并请求女儿的原谅。催眠师就是以这位父亲某些记忆片段作为线索来进行气氛的渲染及环境重现，从而帮助内疚不已、悔恨万分的父亲。

专业的催眠师能够通过语言沟通等方式来和个体的潜意识进行对话，并不断地对个体进行积极的暗示，将积极乐观的观念植入个体的潜意识之中，从而对人的身心健康进行疗愈和调整。催眠对于治疗睡眠问题也有非常显著的效果，在催眠状态下，被催眠者休息的质量远高于正常的睡眠，即便只睡了十几分钟，也会有种睡了很久的感觉。

人在被深度催眠的时候会完全丧失自主能力，有些人甚至会对催眠师言听计从而不自知。著名的海德堡事件就是最典型的例子。

1934 年的夏天，德国海德堡警察局接到 E 先生打来的报警电话，说妻子 E 夫人遭到了诈骗和勒索，但奇怪的是，E 夫人对害自己陷入悲惨境地的罪犯却没有任何印象。她说那个人把手放在自己额头上之后，自己的思维就变得模糊，对其间发生的事情像是缺失了记忆一样。

麦尔医生接手了这一案件之后，立即对 E 夫人进行了全面的检查，确认 E 夫人的身体上没有任何疾病，精神上也没有任何问题。麦尔医生由此判断，她被别人实施了催眠并被暗示忘掉事情发生的经过。面对这种棘手的状况，麦尔医生认为，用催眠的方式来唤醒 E 夫人的记忆再好不过。

经过对 E 夫人的多次催眠和诱导后，E 夫人终于想起了与罪犯初次相识的经过。原来，罪犯在 E 夫人结婚之前，就对她进行了催眠，然而 E 夫人却对自己被催眠的状态没有任何意识。在婚前，E 夫人因为胃部不适乘车前往海德堡就医，当时罪犯就坐在她的对面，两人进行了愉快的闲聊。E 夫人对这个友好的陌生人讲了自己患胃病的事，罪犯将计就计，称自己是治疗胃病的专家，并在下车后邀请 E 夫人喝咖啡，罪犯亲切热情的态度让 E 夫人无从拒绝。当罪犯提起 E 夫人的行李，并拉起她的手说："好了，我们走吧。"这时，E 夫人就迷迷糊糊地跟了过去，甚至没有意识到任何不对劲儿。

自那次以后，E 夫人总是与罪犯在海德堡的车站前见面，但是她始终没有办法想起自己在哪里接受治疗。结婚之后，她仍然受到罪犯的迷惑，与之不断来往，并对其言听计从。

麦尔医生意识到这名罪犯精通催眠术，不但能够以催眠的方式来支配 E 夫人的行为，还能够利用催眠来使 E 夫人忘记事发过程。就在麦尔医生继续对 E 夫人进行催眠和记忆恢复的疗愈时，一名诈骗犯落网了，这名诈骗犯名叫瓦特，他的外貌、体型、衣着、诈骗方式等都与 E 夫人所描述的罪犯十分相似。麦尔医生立即带 E 夫人前去指认，瓦特却极力辩解自己与 E 夫人素不相识，而E夫人虽然在当时认为瓦特就是那名罪犯，却在不久之后又否定了自己的指认，反复地说："我记不清楚，我不知道。"案子自然也就没有办法侦破了。

麦尔医生认为，人只要经历过某件事情，就绝对不会忘得一干二净，E夫人肯定被罪犯进行了反复的催眠。抱着这种信念，麦尔医生对E夫人进行了深度催眠，E夫人的记忆也逐渐明朗起来。原来罪犯趁E夫人处于被催眠的状态强暴了她，并利用催眠的方式令E夫人卖淫，从中获取不法利益。在E夫人结婚后，罪犯又借催眠暗示E夫人患有多种疾病，必须在他那里接受治疗才能痊愈，从中收取E夫人的医疗费。为E夫人"治"好一种疾病之后，又接着暗示她患有另外一种疾病。E夫人不得不反复接受治疗，并支付大笔的医药费。

E夫人的丈夫对此产生了怀疑，并与家人商量要去报警。罪犯知道之后暗示E夫人她的丈夫出轨，不仅使E夫人厌恶丈夫，还驱使她谋杀自己的丈夫。谋杀失败后，他又唆使E夫人自杀，以毁灭证据，并且在事后还以E夫人的性命相要挟，暗示E夫人忘记事情的经过。

E夫人的记忆恢复之后，认定瓦特就是那名罪犯，警方迅速在瓦特家中搜查各种罪证，还找到了许多人证。这时，诈骗犯瓦特才不得不俯首认罪。

瓦特经常使用与被害者两人专用的"密语"和"关键数字"，来使被害者快速进入深度的催眠状态，从而丧失自我性意识。

很多人看到这一案件，会觉得如果自己被催眠岂不是一件很危险的事，自己所有的秘密和隐私都会乖乖地说出来。对于这一点，我们倒不用过分担心，不同的人有不同的催眠易感性，并不是所有人都能够被深度催眠。催眠要在被催眠者自身愿意的基础上才能够进行，需要个体对催眠者有一定程度的信任，否则催眠是无法进行的。

第三节 罗森塔尔效应——暗示的力量

在古希腊的神话传说中，有这样一则故事：皮格马利翁是塞浦路斯的国王，同时也是一位才艺非凡的雕塑家。但这位国王不喜欢塞浦路斯的平凡女子，他觉得这些女子心胸狭隘，不是完美的化身，更不想娶这些女子中的任何一个做他的王后，所以他决定永不结婚。

但一个人的生活终究是孤独的，皮格马利翁国王非常喜欢雕塑，有一天，孤独的国王用象牙雕塑出了一位美丽动人的少女，这尊雕塑看上去栩栩如生，逼真极了。国王给这个雕塑取名为盖拉蒂，并给她穿上了华丽的衣裙，每天都和这个“少女”在一起，亲吻她、拥抱她，不论吃饭和睡觉都不舍得远离这尊雕塑，生活中有什么令他开心的事情，他一定第一时间和盖拉蒂分享，内心的忧愁和烦恼也都向盖拉蒂毫无保留地倾诉。他甚至幻想盖拉蒂这尊雕塑有一天能够活过来，和他一起玩耍嬉戏，他希望盖拉蒂能够接受和回应自己的爱情。

虽然国王年复一年、日复一日地陪伴着盖拉蒂，痴心不改，但盖拉蒂终究只是一尊雕塑，没有任何改变。得不到任何回应的单恋令国王感到无比绝望，他决定向爱神乞求帮助，他带着丰厚的祭品来到爱神阿芙洛狄忒的神殿之中，希望伟大的爱神阿芙洛狄忒能够帮助他将盖拉蒂变成一个活生生的少女。国王诚挚的恳求打动了阿芙洛狄忒女神，女神决定实现他的愿望。

从神殿祭祀回来的皮格马利翁国王像平常一样走到雕塑面前，一如既往地凝视着雕像出神。这时，雕像突然发生了神奇的变化。国王看到盖拉蒂的秀发随风轻轻地飘动起来，盖拉蒂的皮肤逐渐变得如花瓣一般娇嫩莹润，她那双美丽动人的眼睛充满了灵动的光泽。盖拉蒂的唇色也变得红润起来，嘴角微微上挑，给惊讶得目瞪口呆的国王一丝妩媚动人的微笑。

只见盖拉蒂朝着国王一步一步地走了过去，目光充满了温柔和深情，浑身散发着活力。盖拉蒂的声音更如早春的莺啼一般清脆悦耳，国王惊喜之余，居然不知道要说些什么才能表达内心的激动和喜悦。最后，国王和盖拉蒂结为夫妻，两个人恩爱地度过一生。

心理学家从这则神话故事中总结出了皮格马利翁效应。皮格马利翁效应，又称罗森塔尔效应或期待效应。心理学家认为，人的观念和喜好会在不同程度上受到他人有意或无意的影响，也会在无形之中接受自己所崇拜、信任的人的暗示。有句俗话说："说你行，你就行；说你不行，你就不行。"这就是他人的暗示带给我们的影响。皮格马利翁效应是美国著名的心理学家罗森塔尔和雅格布森提出的，二人在实验基础上总结出了这一心理法则。

最初的实验对象是一群小白鼠，罗森塔尔把这些小白鼠分成两组，分别交给不同的小组，罗森塔尔告诉 A 组："这群小白鼠都是我特意挑选出来的，智商非常高，请你们来训练它们走迷宫。"然后又对 B 组说："这群小白鼠的智商不太高，你们来训练它们走迷宫吧！"

两个实验小组分别对两组老鼠进行了训练，过了一段时间之后，罗森塔尔将这两组小白鼠调出来，进行走迷宫的测验。实验结果表明：A 组的小白鼠只用很少的时间就走出了迷宫，虽然 B 组的小白鼠虽然也走出了迷宫，但所耗费的时间远远超过了 A 组。难道真的是由于 A 组的小白鼠较为聪明吗？其实不然，罗森塔尔在对小白鼠进行分组的时候并没有特意挑选，而是随机分配的，哪组老鼠智商高哪组低根本就是无稽之谈，但他对训练两组小白鼠的小组人员进行了暗示，由于两个实验小组对待小白鼠的心态不同、认知不同，采取的训练方式也有所不同，才导致一个组的老鼠表现得很聪明，另外一个组的老鼠却非常笨的结果。

为了研究皮格马利翁效应对教育的影响，罗森塔尔和雅各布森教授将这一实验推广到了人的身上。1968 年，他们走进了一所普通小学，对学生进行了发展潜力的测验，在 6 个年级的 18 个班里，他们随机抽取了一部分学生，并把这些学生的名字提供给他们的任课老师，交代说：“这些学生都是最具发展潜能的天才学生，希望各位老师暗中关注这些学生的情况。”过了 8 个月之后，当罗森塔尔教授再次来到这所小学的时候发现名单上的学生们不仅学习进步非常大，而且个人品德、待人接物和兴趣发展方面都有积极的变化。

这就是皮格马利翁效应带来的神奇变化，期望和赞美能够制造奇迹。皮格马利翁效应是一种具有普遍意义的心理学规律，在家庭中，如果父母对孩子的期望是积极向上的，经常对孩子进行表扬和鼓励，那么孩子就会按照父母期望的方向发展，因为孩子在无形之中接受了父母的暗示。许多孩子虽然智力并未超出常人，却往往有一番非凡的成就，这跟他们的成长环境和家庭教育有着莫大的关系。

但是如果父母经常对孩子泼冷水，打击孩子的自信心，伤害孩子的自尊，那么孩子就会怀疑自己的能力和智力，造成自卑、悲观的心理。就像美国动画《马男波杰克》中的马男一样，他希望母亲能够以他为骄傲，但是年幼的马男所看重的母亲却一直向他传递悲观绝望的负能量，认为他再怎么挣扎也无济于事，以至于马男一方面希望自己能够过积极向上的生活，另一方面又不得不被悲观消极的心理所影响。两种彼此矛盾的念头产生了强烈的冲突，导致马男的内心一直处于不断挣扎的焦灼状态，得不到平静。

积极的暗示能给人前进、拼搏的动力，消极的暗示会向人传递悲观的思想，限制个人的发展。如果我们希望一个人能够有更长远的发展，就应该给他合理的期待和积极的暗示，这样才能够真正帮助他，让他在成功的道路上走得更远更稳。

第四节 | 意念自杀——意念真的能够导致人自杀吗

说起意念自杀，可能很多人都会觉得难以理解。什么是意念自杀？人真的可以通过意念实现自杀吗？我们不妨看看下面几个案例，以此更详细地了解何谓意念自杀。

有一位心理学家曾经做过这样一个实验：把一只小白鼠放到一个装满水的水池里，并且把这只小白鼠放在了水池正中间的位置。对于小白鼠来说，这个水池的确有点大，但并非不能游上岸，以小白鼠的游泳能力来讲，池中心到岸边的距离算不上什么大问题。

但小白鼠被放到水里之后并没有马上游动，而是在水中反复地转着圈儿，并发出吱吱的叫声。由于小白鼠的鼠须具有探测功能，当它的叫声传到岸边时，声波会反弹回来，这能够帮助它判断水域的大小，并且能够确定小白鼠自己的位置，帮助它找到最近的岸边，从而确定最短的逃脱路线，再从容地往岸边游去，这是小白鼠的生存技能。

这只小白鼠游上岸之后，心理学家把另外一只小白鼠也放到了水中，同样是放在水池中间的位置。不同的是，心理学家在实验开始之前把这只小白鼠的鼠须剪掉了。这次小白鼠依旧发出了吱吱的叫声，然而由于失去了胡须这个精妙的方位探测器，小白鼠无从判断水域的大小，也探测不出离岸边最近的距离，更无法决定逃生的路线。过了没多久，这只小白鼠渐渐地沉到水底淹死了。

第二只小白鼠真的是因为被剪掉了鼠须才死掉的吗？非也，它是被自己绝望的意念杀死的。因为它本来能够逃脱，但它探索不到水域大小，认为自己无论如何也游不出这片水域，索性连挣扎也不再挣扎，强行结束了自己的生命，这就是意念自杀。

有人说小白鼠只是一种智力低下、没有复杂思考能力的动物，换作是人肯定就不会发生这样的结果。那么，我们可以来看一下另外一个案例。

这个案例发生在美国，几个大学生突发奇想地联合在一起搞了一个恶作剧，恶作剧的对象是他们的另外一位朋友。有一天深夜，他们用黑色布袋套住了这个朋友，毫不知情的朋友恐惧极了。因为用袋子把他套起来的人没有提供任何讯息，他对自己未知的命运惊恐万分。而且在恶作剧的过程中，这几个大学生没有发出任何声音。他们抬着袋子里的朋友来到了一个火车站，找了一条废弃的铁轨，把这个吓得不敢动弹的朋友横着放了上去，然后他们几个人躲在不远处看自己恶作剧的成果。

就在这时，远处传来了火车的轰鸣声，一辆火车马上就要进站了，铁轨上清晰地传递着火车造成的震动。而身在袋子中的那位不知情的朋友似乎觉察到了什么，但他并不知道这条铁轨已经被废弃，其实火车要驶过的是不远处的另外一条铁轨。他以为自己的生命即将遭受严重的威胁，开始剧烈地挣扎起来，然而却怎么也挣不脱。

火车不断靠近，不远处的那几个大学生也密切地观察着被装进袋子里的朋友。然而，就在火车距离那个朋友只有几百米远的时候，他们发现自己的朋友居然一动不动了。火车在不远处的铁轨上轰鸣着驶过，这几个大学生连忙走上前去结束他们的恶作剧，然而已经晚了，他们可怜的朋友已经死了。

这并不是偶然事件，美国曾有一位电气工人，常年在四周满是高压电器设备的工作台上工作，虽然已经采取了多种必要或不必要的安全措施，但这名电气工人依旧恐惧不安。毕竟在这种环境下工作，心理压力太大了，随时都有丧命的可能。

有一次，在工作的时候，这名工人无意之间碰到了一根电线，因此当场死亡，身上还出现了因为触电导致死亡时所具有的一切症状。然而奇怪的是，那根电线并没有通电，这名电气工人自始至终都不曾触电，只是他误以为自己触电了而已。

还有一名冷藏室工人，在进入冷藏室进行盘点的时候，被同事误锁到了冷藏室中。当他发现自己被锁住之后，这名工人极其恐惧，想到衣衫单薄的自己可能很快就会被冻死，他非常惊慌。在求救无果的情况下，他更加肯定自己会被冻死的结果。第二天早上，同事们打开冷藏库的大门时发现，这名工人死在了冷藏室中。其实，那晚冷藏室是处于断电状态的。但是，那名冷藏室工人却认为自己被关在温度极低的冷藏室中是必死无疑的，他的绝望杀死了自己。

这些都是意念自杀的表现，意念自杀究竟是什么？就是“我马上就要死了”“完了完了，这下我死定了”等消极心理暗示。意念自杀导致死亡的原理和受惊吓致死的生理原理很像，美国著名的心理学家马丁·加德纳曾做过一个著名的实验，他让死囚躺在床上，并告诉这名死囚，他将以放血的方式迎来自己的死亡。然后加德纳拿出木片，在这名死囚的手腕上划了一下，并打开了预先准备好的水龙头，让水龙头按照滴血的速度，往容器之中滴水，滴水的节奏由快速逐渐转为缓慢。最后，这名死囚在没有任何伤口和失血的情况下昏了过去。

根据这个实验，马丁·加德纳反对医生将病人患有癌症的实情告知病人，因为在马丁·加德纳看来，在美国每年死于癌症的患者中，只有 20% 的病人是因病死亡，剩下的 80% 都是由于惊吓过度。因为患者的精神被彻底摧垮了，所以丧失了生存的意志，整个生命失去了应有的活力，在意念的作用下，逐步失去了生命。

不过，也不是所有的人都会产生“意念自杀”的现象。当一个人的心理承受能力强，信念坚定，遇事沉着，就不会丧失理智，也不会产生消极的自我暗示，更不会出现悲观绝望的念头，意念自杀这种状况是不会出现的。

这告诉我们一个道理：就是不要轻易地放弃生活的希望。在没有经过拼搏和争取的情况下，不要轻言失败。乌云遮住太阳的情景总会发生，但这并不代表天没有放晴的那一刻，坚持下去，总能看到晴川历历、芳草萋萋。生活中，很多我们以为自己迈不过去的难关其实并非灭顶之灾，只要我们撑过去，就会发现，生活依旧精彩。

第五节 ｜ 如何利用潜意识——自我暗示

有位心理学家曾做过这样一个实验：他将一篇做了三个记号的文章给一个大学生看，并要求这名大学生将文章内容背下来。这位大学生拿到文章之后立刻埋头苦读，直到他认为自己已经记得滚瓜烂熟时，便去找心理学家验证背诵的结果。

当这位大学生将做过记号的三段内容一字不差地背诵出来之后，心理学家问道："这篇文章的其他内容你记住了吗？能不能也背诵出来呢？"这个大学生有些为难地说："恐怕不能，我把精力全放在那三段做过记号的内容上了，其他内容我只是草草地看了一眼，根本没有记住。"

这位心理学家笑着说没关系，并在大学生同意的情况下让催眠师对他进行催眠。结果，神奇的事情发生了，这位大学生在催眠师的帮助下，不仅顺畅地背出了那三段，就连文章的其他内容也全部背诵了出来。

对此，催眠师和心理学家的看法是一致的，他们都认为这是由于潜意识的缘故。潜意识是人体的一个巨大的储存卡，它的记忆功能是非常优秀的，生活中的我们接触到的任何信息都会被潜意识记录下来。人们常说，潜意识是一座巨大的信息金矿，其中蕴藏的内容如果能够被我们合理地运用，将对我们的工作生活产生非常巨大的影响。

潜意识最常见的发掘方法便是暗示。一所大学的心理学教授曾做过一个实验：有一天上课，他拿着一个精致的小瓶子走进了教室，对学生们说："这是我朋友从国外帮我买的香水，但是上面的字我看不懂，也分辨不出这瓶香水的味道，你们不妨来闻一下，看看到底是什么味道。"

说着，教授便打开了瓶盖，让学生们闻了闻，然后学生们纷纷举手发言。有的学生说："是玫瑰的香味。"有的学生说："不，是百合。"还有的学生说："是薰衣草。"教授笑着摇摇头说："其实什么香味也没有，只是我刚灌的一瓶清水。"

为什么有些学生会觉得他们闻到了香味呢？因为他们首先接受了这是瓶香水的心理暗示，自然会在这个基础上进行思考和判断。

心理学家巴甫洛夫认为："暗示是人类最简单、最典型的条件反射。"在一定环境下，受心理暗示的影响是人类的共同特性。也就是说，在生活中，我们无时无刻不受暗示的影响。外出买东西的时候，或许我们对某一品牌的产品并没有特别的执念，但当身边的某个朋友向我们提过这一品牌的产品时，我们再看待这一产品，就与看待其他产品的心态有所不同了，因为我们在无形之中受到了暗示。但受到这种心理暗示并不代表我们一定会买某种产品，根据每个人性格特点的不同，暗示者与被暗示者的关系不同，暗示对个体所造成的影响也不相同，这与个体的自主性、阅历、心理活动过程有着密切的关系。

心理学上将暗示分为自我暗示和他人暗示两种，每一种暗示都具有强大的力量。当我们处于某种压抑和痛苦的状态时，我们会不由自主地进行自我安慰，如"坚持一下，马上就过去了"，当接受这样的暗示之后，我们所感受到的痛苦便会有所减缓。这就是个体的自我暗示的影响。

自我暗示是人类独有的一种心理活动，自我暗示所产生的力量之强大也是我们难以想象的。当我们觉得一件事情一定做不到的时候，不用想，肯定就做不到了。因为我们不断地给潜意识灌输消极的自我暗示，这在某种程度上限制了我们的行动和努力。想都不敢想的事情，又怎么能够做到呢？但当我们真正想做一件事，并不断地给潜意识灌输"我一定能行"的自我暗示时，潜意识就会认同我们的观点，并调动相应的能量去帮助我们完成这件事。正确地使用潜意识的能量，可以帮助我们改变人生。

生活中，我们每个人都会受到自我暗示的影响，当我们穿上一件漂亮的衣服走上街头的时候，我们会在内心深处对自己漂亮的外表加以认同，这一认同会传递到我们的大脑深处和潜意识之中，而潜意识则调动喜悦、自信、满足、幸福等积极情绪来印证我们的认同观念。他人的关注与赞扬也会强化我们对自身的认同感，从而令我们的心态更加积极，做事也更有信心和动力，这是积极的自我暗示带给我们的力量。

有积极的自我暗示，亦有消极的自我暗示。当我们觉得自己的穿衣搭配不那么令我们自身满意的话，别人的任何一句闲言碎语都有可能让我们联想到身上不得体的衣服，因为我们首先在潜意识中埋下了“这件衣服不得体”的念头，也一直在无形之中暗示自己衣服的问题，自然而然会把注意力集中在衣服的不得体上，外界任何带有负面色彩的刺激都会让我们把原因归咎于衣服，这就是潜意识作祟的缘故。

研究潜意识的学者摩菲博士曾认为：我们要不断地用充满希望与期待的话来与潜意识交谈，于是潜意识就会让你的生活状况变得开阔和明朗，让你的希望和期待实现。

潜意识是自我暗示的能量来源，一个人心态积极的话，他所进行的自我暗示就是积极的，在遇到未知状况或是遭遇挫折时，他会对自己说“我应该尝试一下，这将是一次非常奇妙的体验。”“再尝试一下，说不定下次就能成功。”这样的人往往能够从多种多样的突发状况中找到挑战的乐趣，并积累经验。抱着积极想法的人，他们的潜意识就会接受这种暗示，然后继续付出努力，并最终取得成功。

如果想正确地使用潜意识的巨大能量，我们所要做的就是用积极的心态和话语来引导我们的潜意识，用潜意识影响我们的行动，指引着我们向着成功的方向大步前进。

07 第七章

于虚空中行走

——可操纵的人性

第一节 斯德哥尔摩综合征——人质情结

斯德哥尔摩综合征，又称斯德哥尔摩效应、斯德哥尔摩症候群，通俗点说，还可以称之为人质综合征或人质情结，指犯罪的被害对象，对于罪犯本身产生了感情，以至于反过来帮助罪犯的一种情结。因为人质的生命掌控在绑匪的手中，绑匪的任何善意都会被人质当作是一种恩赐。当绑匪不对人质进行人身伤害的时候，人质会对绑匪更加感激，以至于对绑匪产生一种心理上的依赖，造成了与绑匪“同呼吸共命运”的状况，甚至敌视那些解救自己的人。这种依赖感甚至会导致人质对绑匪产生好感，帮助绑匪对其他人进行迫害等。

斯德哥尔摩综合征一词来源于1973年的斯德哥尔摩银行劫案。

1973年8月23日，两名有前科的劫匪全副武装，持枪冲进了瑞典首都斯德哥尔摩市内最大的一家银行，意图实施抢劫。但警察也很快赶到，抢劫计划宣告失败，两名劫匪挟持了四位银行职员作为人质，与门外的警察展开了对峙。

警方把银行围得水泄不通，并与两名劫匪进行了谈判。劫匪要求警方撤走，遭到了警方的拒绝。在拖延了整整130个小时之后，警方派人打通了银行的墙壁，利用催泪瓦斯将人质和劫匪从银行中驱赶出来，银行外，警方的狙击手早已做好了危急情况下随时击毙劫匪的准备。

然而，当劫匪和人质走出银行时，三名人质却把两名劫匪严严实实地围了起来，使他们免受警方的伤害。几个月之后，更令人匪夷所思的状况发生了，人质不但没有控诉这两名罪犯，还对警方的调查取证工作表现出“坚决不配合”的态度，拒绝在法庭上指控这两名劫匪，甚至为劫匪筹措用于法律辩护的资金。最离谱的是，一个女人质竟然爱上了其中一个劫匪，并在这名劫匪服刑期间与其订婚。

这些人质明明是受害者，但他们非但不痛恨绑匪威胁他们生命的行为，反而对绑架他们的人流露出毫不掩饰地怜悯与维护，甚至感激绑匪没有伤害他们性命的仁慈和被绑架期间对他们的照顾。这一奇怪的现象一度令瑞典举国上下一片哗然。

警方在不得已之下找来了心理学家，对这一奇怪的现象进行分析，专家们经过研究得出了一个结论："人性能承受的恐惧有一条脆弱的底线。当人遇上了一个疯狂的杀手，杀手不讲理，随时要取他的命，人质就会把生命权渐渐托付给这个凶徒。时间拖久了，人质吃一口饭，喝一口水，每一次呼吸，都会觉得是恐怖分子对自己的宽容和慈悲。对于绑架自己的暴徒，他的恐惧会先转化为对暴徒的感激，然后变为一种崇拜，最后人质会下意识地以为暴徒的安全就是自己的安全。"

这四名人质被绑匪挟持了六天之久，在被绑架期间，他们的生命安全完全掌握在绑匪手中。在极为特殊的环境中，人质的心理经历了错综复杂的变化，极度的恐惧之下，他们为求生本能地选择服从绑匪。当绑匪表现出仁慈的一面时，他们就会发自内心地感激，在这一系列转变之下，形成了斯德哥尔摩综合征。

斯德哥尔摩银行劫案并不是一个特例，心理学家们经过研究发现，这种人质情结代表的是人类的一种普遍的心理反应，这种现象还可以在集中营的囚犯、战俘和受虐妇女以及乱伦的受害者身上发生。

斯德哥尔摩综合征产生的条件有四个：

1. 让人质切实地感受到绑匪对自身生命安全的严重威胁。

2. 人质被挟持的过程中，其信息来源被牢牢把控，除了绑匪的单一看法之外，人质必须与所有其他信息源隔离，以此来控制人质的思想。

3. 偶尔在人质面前露出仁慈的一面，让人质感受到绑匪所给予的小恩小惠。

4. 让人质确信自己没有一丝一毫逃脱的可能。

在这些条件之下，一些人质为求活命，就会本能地服从，并对绑匪产生强烈的认同感，以绑匪的偏好为自己的偏好，以绑匪的厌恶为自己的厌恶，由此产生斯德哥尔摩综合征。

随着科技的发展，很多充满人文主义关怀的文艺工作者也对斯德哥尔摩综合征进行了深入的揭示，其中不乏优秀的作品。在 1993 年，克林特·伊斯特伍德所导演的电影《完美的世界》中，就以斯德哥尔摩综合征作为出发点，讲述了一个温情脉脉、感人至深的故事。

从监狱中逃出的布奇在种种因素作用下挟持了年仅 8 岁的男孩菲利普，刚被挟持的时候，菲利普是恐惧的，尤其是被另外一个逃犯欺负的时候，他甚至恐惧得打开车门逃了出去。但是布奇杀掉了那个欺负他的逃犯，保护了他，菲利普的恐惧也逐渐消散，两人就此展开了一段完美的旅程。

菲利普是个单亲家庭的孩子，因为宗教的原因，菲利普的家庭从来不过万圣节、圣诞节等节日，很多别人都能够享受的节日，他却只能趴在窗边羡慕地看着。他甚至没有一个生日派对，尽管他对这一切无比的渴望。如果生活没有任何波澜地继续发展下去，将没有人能够满足他的愿望。

被劫持之后，布奇带他所体验的一切都是他原来想都不敢想的。布奇带他玩了万圣节“不给糖果就捣蛋”的游戏，还将他绑在车顶，体验了坐过山车一般的刺激。布奇像一个真正的父亲，在菲利普为自己的身体感到自卑的时候，对他进行了无比诚恳的肯定，教导菲利普为人处世方面的道理，并培养他成为一个独立自主的男人。

从布奇那里所感受到的父爱，令菲利普无比享受，他开始跟着布奇这个罪犯一起逃亡。相应地，菲利普的纯真也触动了布奇的心。布奇是一个职业罪犯，仅从这个标签来看，布奇不值得同情。然而，布奇也有一个悲惨的童年。他有一个不负责任的父亲和以做妓女为生的母亲，布奇在八岁时第一次杀人，原因很简单，一个罪犯威胁到了他母亲的生命。因为布奇年龄尚小和死者是通缉犯，他并没有受到法律的处罚，但偷车后被送到感化院的经历，使他变成了一个真正的职业罪犯。

和菲利普一样，布奇也是缺乏父爱的，布奇对菲利普的怜悯和教导，更像是对自己缺失父爱的童年的一种弥补和自我救赎。他憎恨家庭暴力，所以，当他看到外出野餐的夫妇对自己的孩子施加语言暴力之后，果断地抢劫了他们的汽车。在抢劫车子之后，他盛赞了那位为了全家人安全而放弃抵抗，乖乖交出汽车的父亲，还对责打孩子的黑人农夫愤怒到差点失控。直到菲利普开枪阻止了他要对黑人农夫施加的惩罚，并将枪丢进了井里后，警察很快包围了他们。

在布奇与菲利普的母亲谈妥了要带菲利普去游乐场、吃棉花糖、过节日等条件之后，他让菲利普转身走向了警察。走到一半的菲利普却又转身跑向布奇，要带着他一块回去。这不仅表现了他对布奇发自内心的关怀，还表现了他对布奇的依恋。

电影的结局令人遗憾，布奇死在了联邦调查局狙击手的枪下，菲利普看着倒下的布奇，满怀悲伤，用颤抖的声音一遍遍呼唤着布奇的名字。倒在草地上、濒临死亡的布奇看着天空，没有恐惧，没有悲伤，而是表现出一种非常从容、安逸的神情。在这段完美的旅程中，他完成了自我救赎，获得了心与身永久的安宁。

电影以温情的手法诠释了一个充满人文主义关怀的斯德哥尔摩综合征案例，并将之升华为异样的父子之情，更远超出了斯德哥尔摩综合征本身的范畴。

第二节 斯坦福监狱实验——路西法效应

1971 年，由美国心理学家菲利普·津巴多领导的研究小组，在斯坦福大学的心理学系大楼地下室的模拟监狱内，进行了一项关于人类对于囚禁的反应以及囚禁对监狱中的权威和被监管者行为影响的心理学研究，以此调查人类的虐待心理倾向是先天还是后天的。

二十四名被试者都是斯坦福大学的在校大学生志愿者，这些被试者遵纪守法，无入监经历，不吸毒，情绪稳定，身体和心理都很健康，实验期间每人一天可获得 15 美元的酬劳。经过随机分配，其中九名被试者被分配为“囚犯角色”，九名被试者被分配为“狱警角色”，剩下的六名被试者作为候补。

为求效果逼真，菲利普·津巴多还请警察帮忙逮捕并押送这些“囚犯”到达实验地点，并让这些囚犯脱掉衣服，喷洒除虱药粉，让他们穿上囚服，头戴丝袜，用编号来代替名字，并且在右脚脚踝处锁上脚镣。由于模拟监狱中没有钟表，也没有窗户，所以囚犯们并不知道时间，三个人住一个小隔间，只能在走廊上放风。狱警平均分为三组，每组三个人，实行轮班制，配有制服、警棍，戴上不反光的墨镜来防止目光接触，并被告知可以做任何维持监狱秩序和法律所需要的事情，不必理会囚犯们口中所谓的尊重人权。也就是说，狱警们可根据自己的喜好对囚犯进行惩罚，但不能使用暴力。一切准备就绪后，实验正式拉开了帷幕。

狱警和囚犯很快便适应了自己的角色，狱警们也开始想办法树立自己的权威，他们采用最常见的一种体罚方式——“做俯卧撑”来惩罚囚犯，有时还会骑在囚犯身上，让他们做俯卧撑，以此增加惩罚的力度，如床铺整理不合格的，做 10—30 个俯卧撑。

在实验开始后的第一天晚上，狱警们为了验证树立权威的效果，半夜吹响警哨，叫醒了犯人，并令他们排队。第二天一大早，囚犯们就开始抗议，他们打通隔间的门，用床堵住了监狱的门，防止狱警进入，换班的狱警们认为，这些囚犯之所以如此嚣张，是因为前一班的狱警对这些囚犯过于仁慈的缘故。气愤的狱警们毫不退让，拿出灭火器对囚犯喷射，扒掉了囚犯的衣服，将他们赤身裸体锁在床腿上，对他们进行恐吓，并揪出了带头捣乱的囚犯，实施关禁闭的惩罚。

在此期间，一名囚犯精神濒临崩溃，一边痛哭一边大叫道："我受不了了。"津巴多迫于无奈只好提前释放他，并安排候补的被试替补这位囚犯留下的空缺。

由于轮班的三个狱警管理九名囚犯存在一定的难度，所以他们想出了新的对策：将监狱中反抗最为微弱的三名囚犯提出来，放到一个隔间中，给他们穿上正常的衣服，他们可以梳洗，还可以吃更好的饭菜，待遇远比其他囚犯好得多。

过了半天之后，这三名囚犯被送回了监狱中。然后，狱警们又把另外三个因带头捣乱而被关禁闭的囚犯放到了条件较为优越的隔间里。对此，其他囚犯开始怀疑这些囚犯之所以受到优待是因为向狱警告密。怀疑的种子一旦种下，便迅速生根发芽并蓬勃生长，囚犯们开始彼此怀疑。

结果，狱警们听到了在囚犯之中流传的一个消息：之前出狱的那名囚犯会帮助剩下的囚犯越狱。这时，狱警们的警惕性倍增，他们和津巴多共同制定了一个计划，将犯人们转移到其他地方，再留下一个人对前来解救的人说："实验已经结束。"然后再把囚犯转移回来，接下来，狱警们对待囚犯的方式变得更加残酷，想出各种各样的方式来惩罚囚犯：让他们干各种卑贱的工作，干扰囚犯们的休息，不让囚犯上厕所等。囚犯的生理需求只好在屋里的水桶中解决，很快，难闻的气味充斥了整个监狱。监狱中的气氛也一度紧张不堪，有三名囚犯出现了思维紊乱、情绪激动的状况。

津巴多曾组织这些囚犯召开了一次听证会，告诉他们可以选择保释，但保释之后他们不会有任何报酬，这时几乎所有囚犯都选择保释。但奇怪的是，没有任何一个人提出终止实验，要知道他们完全拥有这项权利，但是他们显然都将这次实验当作了现实，不知道反抗了。

一名编号为819的囚犯得知自己的假释请求被驳回之后起了皮疹，津巴多只好送他离开。但是，当这名囚犯在隔间休息时听到狱警训话说“819号是名坏囚犯”，他便痛哭流涕地请求留下来，以此证明自己不是一名坏囚犯。津巴多告诉他：“你并不是819号囚犯，你有自己的名字，你叫×××。”这时，这名志愿者才如梦初醒，离开了模拟监狱。

第四天的时候，一名囚犯不堪忍受狱警们花样百出的惩罚，出现了严重的歇斯底里状态，教授立马释放了这名志愿者。

之前，一位牧师曾扮演监狱牧师的角色，来到模拟监狱和囚犯进行沟通，囚犯便向牧师寻求帮助，希望能够找律师来解救他们。于是第五天的时候，志愿者的家长们请来了律师，但由于是模拟实验，所以律师当然对这种情况束手无策。

感到痛苦和挣扎的不仅仅是囚犯们，菲利普·津巴多也有些动摇，因为他的一名女研究生看到模拟监狱的监控录像时，曾严厉地指责他，说他是在对这些人进行虐待。

这项实验原定的时间是十五天，却不得不在第六天终止实验。不仅仅是因为社会舆论的谴责，还因为监狱中狱警们一步步地跨越了预设的界限，使用更多不公正的惩罚对囚犯造成心理伤害。随着时间的流逝，狱警们对囚犯的侮辱和惩罚也不断升级，甚至到了无以复加的地步。有的狱警在夜间对囚犯实施了惨无人道的惩罚，不仅强迫穿着囚服（没有内衣）的囚犯玩跳山羊来侮辱他们，甚至强迫两个囚犯模仿动物交配！为此，囚犯们的精神濒临崩溃。津巴多看到监控时恍然醒悟，马上终止了实验。

短短五天时间，九名扮演狱警角色的、单纯善良的大学生变成了可怕的魔鬼。由于模拟监狱的环境过于逼真，他们对自己角色的认同感也越发强烈，行为方面也表现得更加暴力。参与实验期间，他们甚至以惩罚囚犯作为取乐的手段。

在某些条件下，好人也会做出令人发指的暴行，这一性格上的变化被菲利普·津巴多称为“路西法效应”，即上帝最宠爱的天使路西法堕落成了魔鬼。

其实，不仅仅是扮演狱警角色的大学生，那些扮演囚犯角色的志愿者也没有想到通过终止实验的方式来保护自己的权益。由于模拟监狱过于逼真，他们曾讨论过越狱，但却不曾想过通过正当的方式进行自我保护。在心理上，他们已经为自己打上了囚犯的标签，即便他们没有犯下任何罪行，却依然觉得自己低人一等，呼吁尊重人权却屡屡遭到惩罚之后，他们已经不再奢求所谓的尊重，而是为了不受惩罚，听从“狱警”的命令。

在实验期间，还有很多人以不同的身份接触到了这些囚犯，其中包括一名真正的典狱官、二十多名心理学学生、神父、律师、囚犯们的父母和亲朋好友等，甚至包括实验的设计者菲利普·津巴多本人，没有任何一个人想到要终止这次实验。也就是说，参与实验的不仅仅是这二十四名志愿者，更包括接触到囚犯的人们，他们都在不知不觉中将自己的角色扮演了下去，并且深陷其中，难以自拔，以至于没有人对此提出异议，只是一味地服从。

在特殊的环境下，暴力行为被人为地合法化，暴行也就有了施展的理由和空间。这样就可以解释现实生活中一些令人感到匪夷所思的状况，如美军阿布格莱布监狱虐囚案等。

第三节 罗恩·琼斯实验

在第二次世界大战期间，由希特勒所领导的纳粹德国对犹太人进行了惨无人道的种族灭绝式屠杀。其间，有600万以上的犹太人遭到了屠杀。很多人在看到这段历史的时候都会感到深深的悲痛，也会不断地思考为什么一个国家的军队会变成一把杀人的利器？为什么正常人会对无辜的民众犯下这样的暴行？究竟是战争把人变成了魔鬼，还是人类内心深处原本就有魔鬼寄居？

1967年4月，美国加州的一名历史老师组织学生进行了为期一周的实验。正是这个实验，向世人展示了法西斯主义的“吸引力”，从民主到独裁只需要十个小时。

实验的起因源自课堂上一个学生提出的问题：“为什么德国民众会声称他们对屠杀犹太人毫不知情？为什么镇上的人们，铁路工人、教师、医生等都声称他们对集中营、大屠杀一无所知？为什么身为那些被屠杀的犹太人的邻居，甚至好朋友的德国市民说犹太人被捕的时候他们不在那里？”这个问题难住了罗恩·琼斯。几经思考之后，罗恩·琼斯决定通过一个实验——“第三浪潮运动”来向学生们展示法西斯主义的复活过程，使学生们更好地理解纳粹极权分子形成的原因。

运动开始的第一天，罗恩·琼斯就在班级中向学生们讲述了纪律的重要性，他举出一系列的例子：芭蕾舞者通过自身的努力和对纪律的遵守来使自己的动作更加规范、更加优美；运动选手通过遵守纪律来使自己在运动场上取得成功。在讲述了纪律所产生的力量之后，他没有让学生们像平常一样随意，而是命令学生听课时要双脚平放在地上，抬头挺胸，双手背后，坐姿端正，并说这种坐姿能够让人呼吸更加顺畅，头脑更加清醒。他还要求学生们在起身回答问题的时候，需要先尊称他为“琼斯先生”。

这些事情对学生们来讲非常简单，很快，学生们就被训练得能够在 30 秒之内从教室外进入自己的座位并且以标准的坐姿坐好，在这期间，还能够做到不发出任何声音。学生们的接受速度如此之快，令琼斯既惊讶又好奇。

他开始着手制定新的纪律：学生们必须随身携带纸笔进行课堂记录，回答问题时语言必须简洁。罗恩·琼斯对自己的形象也进行了一系列改动，试图通过树立一个高大严肃的权威形象来更好地维持教室中的纪律。

在运动过程中，罗恩琼斯发现，学生们的学习效率得到了很大提高。下课之前，罗恩·琼斯宣布了一些新的规则，让学生在第二天上课铃响之前以标准的坐姿做好听课准备。

第二天，罗恩·琼斯走进教室之后发现，所有学生都端正地坐在自己的位置上，没有发出半点杂音，学生们的眼中充满了带着取悦意味的求知欲。这一天，罗恩·琼斯将课程的主题放在了“团结就是力量”上，讲述了团结所带来的巨大力量，并编造了许多故事讲述给学生。

为了将集体感和纪律意识融入课程中，他还设计了一种问候方式，这一问候方式被称为“第三浪潮”，模仿了希特勒的举手礼，罗恩·琼斯要求班上的每个学生无论在哪里相见都以这种方式互相问候。学生们在同样的礼节中找到了认同感和集体归属感，因为大家在平等地做同一件事，所以他们毫无疑问地服从了这一指令。

很快，在校园里就可以看到学生们都在做这个动作。这项运动开始展现自己的生命力，其他班的学生也纷纷前来咨询，希望能够加入这个班级。参与实验的人数从三十名增加到了四十三名，其他班级的学生也翘课来到罗恩·琼斯的班级听讲。其间，不断有其他班级的学生加入。参与实验的学生对学习的积极性骤然提升。

第三天，罗恩·琼斯在班级里进行调查，并给愿意留下来参与实验的学生发放会员卡，结果显示没有任何一个学生愿意退出。罗恩·琼斯发放了会员卡之后向学生们表示：有些会员卡被做了标记，拿到这种卡片的同学负责向他汇报任何违反纪律的行为。但罗恩·琼斯并没有表明哪位学生获得了这种特殊的会员卡，也没有说这种卡片究竟有多少张。

之后，罗恩·琼斯表明行动起来才能发挥出真正的力量，对学生们进行了填鸭式的教学，命令他们以自己的勤奋和努力来消化这些知识。显然，学生们对这种学习方法是非常受用的，很多学生对他表示了敬佩和感谢，并要求一直按这样的方式教下去。

罗恩·琼斯怀疑学生们愿意服从老师的命令做任何事情，为了验证这一怀疑，他开始向学生们分派任务：×× 设计本次实验的标志；×× 负责阻止非实验成员进入本班教室；×× 在某段时间内背诵所有成员的联系电话和家庭住址等。他还要求每个成员上报一个有资格成为会员的朋友的名字和联系方式，并制定了发展新会员的规则：申请成为会员的人必须经过老会员的推荐，由老师发放会员卡，并且这位申请者还需要背诵所有规定的内容，并宣誓服从这些规定。

当天的课程结束之前，已经有两百多名学生参与了这项运动。整个学校的气氛都因这项活动而活跃起来，越来越多的人前来询问“第三浪潮”的事情，学校的职工们，甚至是校长都加入了这项活动。

更令人难以想象的是，虽然他只发放了三张特殊卡片，但向罗恩·琼斯告密的人多达二十多个，许多人都变成了告密者。班级里的学生也出现了较大的改变，一个总是孤身一人的学生对于罗恩·琼斯的这一运动表达了感激，因为他找到了归属感，这名学生还表示，自己愿意作为罗恩·琼斯的保镖。

除此之外，之前班上三个表现优秀的女生在这种平等、平均、缺乏个性的环境下变得无所适从，并且不大愿意参与这一活动，苦恼的她们还跟家长们讨论了这一现象。罗恩·琼斯被其中一位家长邀请到家里做客，在听了罗恩·琼斯的解释之后，家长们反而很支持，并表示愿意帮助罗恩·琼斯向其他家长解释。

这也就对那位学生在课堂上所提的问题做出了回答，德国的普通民众之所以对大屠杀一无所知，原因就在这里，群众的盲目和冷漠在无形之中为暴行提供了更大的施展空间。

到了第四天，罗恩·琼斯开始有些头痛，因为他发现这项实验逐渐失控了，学生们严守纪律，一个个表现得非常忠诚，显然沉溺在这项运动之中，但他们根本就不知道自己在做什么，只是一味地服从命令。

罗恩·琼斯想到了一个办法来终止这项运动。他告诉学生们，这项活动其实是全国性的，为了选拔优秀的人完成国家政治改革而进行的。在第二天中午，会有一位候选领导人宣布运动的真实性和合法性，学生们听到这一消息更加激动。罗恩·琼斯要求届时所有学生都要来到礼堂，通过大屏幕来见证这一时刻。

第五天，罗恩·琼斯找了几个朋友伪装成记者，扛上摄像机等设备来到现场，礼堂里所有人都坐得端正笔直，等待着历史性时刻的到来，但是大屏幕上什么都没有播放。这时，罗恩·琼斯走上台，对所有人宣布第三浪潮运动根本就不是什么全国性运动，只是一个实验，借着这个机会，罗恩·琼斯向他们讲解了法西斯分子的专制、独裁。其间，他还用实验中出现的告密、监控、参加运动的成员们莫名的优越感等作为典型的例子来帮助他们更好地认识自己疯狂举动的形成原因。最后，罗恩·琼斯放映了一段德国纳粹体制的真实影像，才令参与实验的学生们恍然大悟，原来他们都在不知不觉中朝着“法西斯主义”的方向前进。

是什么原因令这些个性鲜明、独立自主的学生变成了只会服从命令的机器？

我们可以发现，实验的第一步骤便是去个人化，统一的坐姿、问候方式等让这些学生产生了集体意识，孤独感被集体归属感所取代，所以他们很快便适应了这种集体生活。当他们在某种集体的规则中产生了认同感时，他们便会努力去维护这一集体的规则，而不会做太多思考。有时候，他们甚至会通过暴力手段来达到自己维护规则的目的。

在集体意识的驱使之下，他们的暴力行为就有了合理性，所以在伤害他人的时候不会产生太大的心理负担。

第四节 | 没有感觉是什么感觉——感觉剥夺实验

早上醒来，我们看到阳光洒满了屋子，在令人陶醉的日光照耀之下，窗外高楼参差。打开窗子，手便能够感受到窗子的冰凉和洒在身上的阳光暖暖的温度。我们可以看到几株生机勃勃的树为这个城市增添了一丝绿意，风从窗前掠过，我们还可以嗅到窗外飘来的早饭的香味和不知名的花香。窗外嘈杂的人声、鸣笛声传到耳边。

在这一系列看似简单的动作中，我们就已经充分调动了自己的五感，来接收外部的信息。在接收这些信息之后，神经系统立马将它们传送至我们的大脑，大脑根据以往的经验进行分析和判断，最后得出某些结论。从这一系列的感受中，我们可以总结出今天的天气晴朗、暖和；没有雾霾；外界依旧繁华得有些喧嚣；空气清新无污染。这都是我们的身体和外部进行了简短的接触后所能够获得的信息。

人的感觉器官分为五种：视觉、听觉、嗅觉、味觉、触觉，分别对应形、声、色、味、触。生活中，我们在接受和处理外界信息时离不开这些器官的辅助。在这些器官之中，少了任何一个都会对我们的生活造成很大的麻烦。

在周迅主演的《画皮》中有一个情节，小唯在拥有人心之后，做的第一件事不是吃东西，也不是找陈坤所扮演的将军，她迫不及待地走到门外，摘下一朵花，嗅得如痴如醉。有的人会觉得这是电影表现的需要，把这一情节夸张了，实则不然，对于身上正在努力工作的器官，我们早已经习以为常，所以没有察觉身体上某一器官的重要性。

临床数据显示，大部分失去嗅觉的人在吃饭的时候嗅不到饭菜的香味，口味会偏重，会在饭菜里加入很多盐和辣椒。这是生活中常见的例子。只是一种器官暂时失去应有的功能，我们都会觉得不舒服，那么，如果有一天我们所有的感觉都被剥夺了，会怎么样呢？

1954 年，心理学家贝克斯顿等人在加拿大的麦克吉尔大学进行了首例感觉剥夺实验。贝克斯顿以每天 20 美元的报酬找来一些大学生来进行这项实验。当时的大学生们打工一个小时只能赚上 50 美分，贝克斯顿开出的报酬无疑让很多大学生心动。对于这项实验，他们一个个摩拳擦掌、迫不及待。尤其是这项实验的要求，更是让人觉得无比轻松，管吃管住不说，还不必有任何负担。参与实验的大学生只需要待在缺乏刺激的环境之中就可以了，吃饭的时间和上厕所的时间都被预留出来，根本不必担心生理需求。

通俗点说，就是让这些大学生戴上特制的半透明塑料眼镜，以此来限制他们的视觉；通过在手臂上套上纸板做成的手套和袖套来限制他们的触觉；打开只会发出单一乏味的嗡嗡声的空气调节器，以此来限制他们的听觉。参与实验的大学生只需要躺在帆布床上就可以了，其他的什么都不必做，如此简单的要求怎能不令人心动？许多大学生跃跃欲试，他们之中的很多人恰巧需要一些空闲时间来构思自己的论文和规划自己以后的人生以及思考生活中的一些琐事。

这些大学生都以为实验的要求过于简单，轻而易举地就能够做到并坚持下来。然而，事情并没有朝着他们设想的方向发展。实验开始没多久，一些人就表示要退出这个实验。在贝克斯顿询问他们原因的时候，他们回答："刚开始还没有什么不对劲的，我能够正常地进入睡眠，也能够思考一些事情，但时间一长，我就感到非常难受，没有办法清晰地思考。甚至连睡觉都变得有些困难，考虑事情的时候，注意力也很难集中在一起。我不得不靠敲打两只手套来获得某种刺激。"

这些参与实验者没有任何一个人能够坚持四天以上，很多人在第四天都出现了双手发抖，应答迟缓的现象。更令人感到匪夷所思的是，在这场实验中，居然有 50% 的人出现了幻觉，有的是幻视，感觉自己看到了光在闪烁；有的是幻听，听到狗吠声，滴答的水声和打字的声音；出现幻触的人，则感觉到自己的前额和脸颊被一块冰冷的钢板压着；还有人感到有人抽走了他身下的床垫，这令他们无比恐惧。

过了几天之后，贝克斯顿找到几位参与实验的大学生，并给他们做了一项智力测试。测试发现，这些人的心理依然处于紧张、焦虑的状态，并且注意力涣散，思维跳来跳去，没有办法进行正常的思考，测试的结果自然不合格。贝克斯顿又分析了他们的脑电波，发现这些参与实验的人脑部活动全部严重失调，还有人仍旧出现幻觉。

后来，心理学把这一实验命名为感觉剥夺实验，即通过干扰实验者的五感，切断参与实验者和外界联系的途径，令参与实验者处于被隔绝的状态，无从获取外界的刺激和信息。

感觉剥夺的现象容易发生在长期处于特殊环境之中的人身上，如沙漠中的旅人、流落到孤岛上的幸存者等。另外，雷达监测员和长途运输司机都处于轻微的感觉剥夺状态。

监狱中有一种惩罚叫关禁闭，专门用来处置一些带头捣乱的人，这种看似不痛不痒的惩罚，恰恰是对人最大的摧残。因为在关禁闭期间，个人和外界是完全隔绝的，没有时间概念，不知道这种惩罚什么时候才是尽头，独自一人待的时间长了，心理上就会不由自主地恐慌，忍不住想找点刺激证明自己还存在。在心理上还会经历一个复杂的变化过程，出现一种既想杀人又想自杀的心态，进而引发内心深处的恐惧。对犯人来说，禁闭不仅是一种精神上的惩罚，更是一种精神摧残。

人是需要不断接受外界刺激的，而我们的五感就是接受外界刺激的基本途径，我们平常注意不到或是习以为常的感官，在我们生活中所起的作用是非常重要的，因为它们无时无刻不在收集周围的信息，为我们提供相应的刺激，为我们的大脑做出判断提供依据。

感觉剥夺问题还可延伸至儿童的教育上，这种感觉剥夺被称为早期感觉剥夺，指剥夺儿童愉悦、自豪、幸福、满足、好奇等积极体验，令儿童产生猜忌、害怕、愤怒的情绪，造成儿童教育中情感和爱的缺乏，严重影响儿童的心智和情感的发育，造成交流障碍，不知如何与他人相处等问题。

早期感觉剥夺容易发生在单亲家庭或关系不和睦的家庭。被排斥的环境会造成早期感觉剥夺，延迟儿童各方面的生长和发育，造成儿童口吃、记忆力差、理解能力差、心态悲观等。

很多家长因为担心孩子受到外界的伤害，会对其进行过度保护，这恰恰就是一种感觉剥夺。人的成长需要和外界进行正常的接触和交流，只有接触外界才能够更好地融入其中，人才能够得到充分的发展。

第八章 08

被偶像剧用滥的情节

——失忆

第一节 ｜ 揭开记忆的神秘面纱

喜欢看浪漫爱情偶像剧的人，相信对台湾偶像剧《王子变青蛙》并不陌生，电视剧的情节围绕着由明道所扮演的单均昊和陈乔恩扮演的叶天瑜展开。单均昊是一个年轻有为，为人处世睿智果决到有点缺乏人情味的总经理，是个王子般的人物，而叶天瑜是渔村中一个个性活泼、爱钱如命的女孩，说她是灰姑娘也不为过，如果没有意外的话，两个人的人生不会有任何的交点。

但巧的是，单均昊被人袭击后，好不容易逃生的他又被驾车的叶天瑜撞昏过去，就是这一撞，让单均昊失去了所有的记忆，从一个高高在上的王子，变成了一个没有过去的普通人。叶天瑜给他取名茼蒿，并捏造了他偷渡者的身份，把他留在渔村工作。

工作中，他的经营天分逐渐觉醒，渔村的生意在不断地变好，他和叶天瑜之间的相处也越来越融洽。在平时一点一滴的相处之中，两个人慢慢滋生出了爱情，但失去的记忆总有找回来的一天。

在又一次车祸之后，茼蒿的记忆找了回来，他想起了自己是单均昊。但天意弄人，他遗忘了自己作为茼蒿时的那段记忆，忘记了他曾深爱的叶天瑜。他知道自己失去了一段记忆，但他对那段记忆并不在乎，他是一个企业的总经理，他有更重要的事情需要做，于是他视叶天瑜为路人。

曾经深爱过的人就算不记得了，也总会有熟悉的感觉，单均昊无法抗拒叶天瑜带给他的心动，慢慢地，他还是爱上了叶天瑜。最后，两个人冲破现实的阻碍，幸福地生活在一起。这一结局令无数观众感到安慰，安慰之余也会有一点遗憾，因为单均昊变成茼蒿的那段记忆始终没有找回来。

这部电视剧的火爆也为很多人的创作提供了灵感，失忆更成了一个经典的桥段，在现在的荧屏上，我们能看到很多关于失忆的情节。在许多电视剧中，主角往往是遭遇车祸之后失忆，前尘往事忘得一干二净，重新遇见新的人，开始新的人生；而在爱情古装剧中，主角则往往是跌落山崖，磕坏了脑袋而导致失忆。很多人不禁提出疑问：人的记忆究竟是如何产生的？为什么会存在失忆的现象呢？

记忆是人类思维中信息内容的储备的过程，是人类一种基本的心理过程，是人脑对所接触过事物的识记、保持、再现或再认，是人类进行思维、想象等高级心理活动的基础。在日常生活中，我们的五感会接受各种各样的信息，这些信息经由神经系统传送给大脑，大脑对相应的信息进行分类储存，来保证这些信息能够更好地服务于我们的生活。

一般来说，记忆由识记、保持和回忆组成，其中识记分为有意识记和无意识记。而有意识的记忆，又可分为机械记忆和理解记忆两种。

我们可以发现在小学的课本中，要求背诵课文的内容时会在后边加一句：理解并背诵全文，即在理解文章意思的基础上进行记忆。这对学生来说无疑是最好的一种记忆方式，因为对文章内容的理解，即大脑对这一素材的加工，通过分析、比较之后，了解文章的内涵以及文章与其他素材的关系后，这样记忆会更加深刻。理解的过程其实也是反复记忆的过程，所以被理解的事物才能够在我们的脑海中留下更深的印象。

机械记忆则没有那么复杂，就是纯粹的死记硬背，比如，我们小时候背的诗句、乘法表、人名、地名等。我们虽然不了解其中的意思，但却能够一遍一遍机械地重复记忆。其实以这样的方式记忆是最困难的，但它存在一定的合理性，对学生来说，这一记忆方式还是有一定必要的。因为靠机械记忆记住的知识具有精确性，不容易混淆，对之后的学习有很大的帮助。

比如，很多人到现在依然能够背出九九乘法表，不过也有很多知识被我们所遗忘，如化学元素周期表等。相信大家对这种类型的内容进行记忆的时候是非常痛苦的，因为缺乏联想能力，很难把这些毫无关系的化学元素联系在一起。不过很多人为了方便会采取谐音的方法来帮助记忆。

内隐记忆则是没有目的性的记忆，并没有刻意地去记住某些东西，然而却印象深刻。比如，在我们小的时候家长所讲的嫦娥奔月、牛郎织女之类的神话故事，听的时候相信很少有人会刻意去记住这些故事，但依旧能令我们念念不忘，这就是无意识记忆。这些无意识记忆的内容对于我们生活经验的构成有着重要的作用，并且在很多情况下会左右我们的思维，影响我们的判断。这是一个潜移默化的过程，也是一个经验积累的过程。

我们的内隐记忆带有选择性，我们会对新奇的事物格外感兴趣，因为在某种程度上这种新奇的事物对我们的认知、思想、情感等造成了一定的刺激和冲击，我们才会过目不忘。此外，一些较为重要的场景也常常令我们印象深刻，比如第一次和喜欢的人约会，参加高考、求婚等。在这些情景之中，我们的某一种情绪，尤其是积极情绪会被充分调动起来，所以我们的记忆会更加深刻。

识记只是记忆过程的开端，仅靠识别是不够的，因为我们每天要接受的信息是非常多的，而记忆并没有那么牢固，所以我们还需要对记忆的内容进行保持和记忆强化，以便这些内容能够更好地为我们所使用。此外，我们还需要进行再现和再认。

很多人在上学的时候都有过被叫起来背诵某首诗或者是文章的经历，有时候，别人只需要提供一个小小的线索，我们就能够很快地背诵出来。比如李白的《静夜思》和孟浩然的《春晓》，很多记性较好的人在看到名字的时候就已经能够背诵全诗了。我们背诵的过程，其实就是回忆的过程。

回忆中还有一种非常重要的形式，叫作再认。有时候，我们虽然无法再现记忆内容，但如果记忆对象再次出现在我们的眼前，我们马上能够辨认出来，这个过程就是再认。

生活中，我们的经验就是通过最初的识记，对信息进行基础的整理，然后把信息分类并储存，通过反复记忆来保持和强化记忆，再通过再现和再认的方式来回忆。在不断运用的过程中，加深印象，达到难以忘记的地步。通过这种反复的记忆过程将所接受的信息由最初印象转化为相对牢固的经验，应用于生活之中。

识记、保持、回忆这几个环节息息相关，存在一定的因果关系。缺少哪一个环节都无法实现正常的记忆。而失忆则是由于脑部损伤或者精神受到刺激导致正常的记忆链条被破坏，无法完成记忆的完整过程。

第二节 记忆也会说谎——洛夫特斯的虚假记忆实验

你认为自己的记忆可靠吗？换言之，你有没有考虑过记忆会撒谎这一可能呢？相信很多人对于自己的记忆都是深信不疑的，认为自己即便有可能忘记很多东西，但记错的情况却少之又少。因为我们的生活中几乎是离不开记忆的，我们需要借由记忆来帮助我们做出判断，小到帮助我们判断香菜、芥末、臭豆腐等食品喜欢与否，大到帮助我们分辨身边的知己、普通朋友、关系不太好的人或是陌生人等。我们往往很相信自己的记忆，但是我们深信不疑的记忆有时也会撒谎，研究记忆的沙克特教授认为：我们在日常生活中会评估记忆的极限性和记忆的准确性。我们认为自己的记忆很准确，其实不然。

医学上有一个名词，叫作虚假记忆，是阿尔茨海默病早期诊断的重要依据。事实上，人类的大脑能够通过信息之间自动的组合来制造不真实的记忆，因而每个人都可能产生虚假记忆。

虚假记忆这一词源于犯罪现场的调查，一些目击证人的证词会与真实情况出现明显的偏差。有的时候，证人可能根本就没有注意到当时的某些细节，但当他们进行回忆的时候，大脑会根据过往的经验对犯罪场景进行填充和加工，将不属于犯罪现场的事物安插到犯罪现场之中，也会在没有看清罪犯的情况下把一些只有过一面之缘的陌生人认作罪犯，这种情景信息的混淆就被称为虚假记忆。

著名的认知心理学家洛夫特斯曾经做过一些关于人类记忆的实验。

第一个实验是关于交通事故的。当时，她在实验室中给参与实验的被试者放映了很多交通事故的短片，并对被试者进行提问。但是，洛夫特斯提问的方式具有很大的引导甚至是误导倾向。

她问两辆车子相撞的速度有多快，当她用的是“相撞”这一词的时候，被试者所估计的平均时度比她用“相碰”这一词时要快上 7 公里；当她问被试者有没有看到“破碎的汽车前灯”时，很多参与实验的人都声称自己对短片中破碎的车前灯记得很清楚。

过了一周之后，洛夫特斯又一次询问被试者。这时，很多被试声称自己记得地上有撞碎的玻璃碴。但实际上洛夫斯特所播放的短片中根本就没有所谓的玻璃碴，也没有破碎的车前灯，是这些参与实验的人想当然地用自己的常识和经验对看短片的记忆进行了加工，令这段记忆看起来更真实可信。

洛夫特斯还曾让一些被试观看电影，电影中有一个受伤的男人，头上戴着面具。看过电影之后，洛夫特斯询问这些被试电影中受伤的男人是否有胡须，得到的答案无一例外都是肯定的，但实际上电影中的男人的面容被面具牢牢遮住，根本无从分辨。

洛夫特斯通过这个实验针对警方的办案方式提出了自己的看法：大部分情况下，人的记忆并没有那么牢固，很容易就会忘记，或是跟其他记忆混淆。而警察在向目击者取证的时候，会在无意之中诱导目击者描述他们所看到的场景和各种细节，导致虚假记忆的产生。

除此之外，警察的言语也能够影响目击者的记忆。警察在向目击者询问罪犯面部特征的过程中会发生这样的状况：许多目击者所描绘的罪犯是同样的特征，但罪犯并非他们所描述的那个人。这是由于目击者听到了前一个目击者所描述的内容并进行了附和，造成记忆扭曲、记忆加工等，产生了很多错误信息。

洛夫特斯的第二个著名实验是在 1990 年，这一年是她人生的转折点。这时，她开始研究如何制造虚假记忆。不过，这项研究充满了争议性。

一个名叫洪葛德的辩护律师致电洛夫特斯，希望她能够为一宗棘手的案件出庭作证。63 岁的乔治·富兰克林被女儿艾琳告上了法庭，艾琳指控父亲在自己小的时候曾对她的好朋友实施了强暴并杀害了她。这段记忆一直尘封在艾琳的内心深处，出于某种原因被艾琳压抑着，直到她25岁这年才想起。然而死者早就化作白骨，无法取证，唯一的证据就是艾琳的记忆和证词。

这引起了洛夫斯特的极大兴趣，她认为一个人目睹了一件事，当这件事对个体带来的打击非常重大的时候会导致人突然失忆，然后在多年后的某一天会突然想起来这件事的细枝末节，完全是无稽之谈。也就是说，艾琳的记忆未必可信。

洛夫特斯认为，记忆是具有易变性的，记忆的运作也有着非常复杂的过程，一个人不是没有被虚假记忆混淆视听的可能。艾琳之所以怀疑父亲杀人，极有可能是因为艾琳的治疗医师通过某些诱导性提问，使艾琳本身产生了虚假记忆。她举例说道："一位饮食失调病人就诊时，医师会列出引发饮食失调的原因，然后进行询问。如果医生说，饮食失调的主要原因是受到虐待，并针对这一点进行询问的话，那么患者就会开始思考，自己在什么时间被哪些人虐待过。这时的患者其实已经在无形之中接受了医师的暗示。"

洛夫特斯认为，长时间压抑记忆的情况并没有科学依据。人的创伤记忆有被植入的可能，人们不应该否定这一可能性。她为了证实自己的理论继续着手研究，并且成功地为许多研究对象植入了虚假记忆。

1995年，洛夫特斯招募了二十四名学生，并和与这些学生关系密切的家庭成员合作进行"虚假记忆形成"实验，证实了虚假记忆植入的可能。实验期间，她要求家庭成员提供学生的三段真实的童年记忆。然后她将一个虚假记忆混在其中，这个虚假记忆一般为商场走失之类的创伤记忆，包含的细节非常细致，就连购物的商店名字和有可能跟他们在一起的兄弟姐妹都描述得非常详细。

当学生们拿到这四段记忆后，被告知这些记忆是由他们的家庭成员提供的，都是真实发生过的事情。洛夫特斯首先让学生确认对这些记忆有没有印象，能否肯定四段记忆中的事情的真实性。之后，在研究人员的询问下开始进行回忆，并描述记忆中的细节和场景等。

结果，参与实验的二十四名学生中，有七名同学对曾经走失过的经历印象深刻，有的学生还描述了更为细致的情节，但实际上走失的记忆是虚假的。也就是说，这七名同学被植入了虚假记忆。

洛夫斯特的实验证明了人的记忆并不如想象之中的那么忠实可靠，任何有心或无意的暗示都有可能导致虚假记忆的形成，进而影响记忆的真实性。更为严重的是，虚假记忆还有可能影响人的行为。

她曾为一些实验对象植入过儿时食用某种食物导致呕吐、腹泻或生病的记忆，一段时间之后，当研究人员询问这些实验对象的时候，对方清晰地描述出了吃这种食物导致生病的细节，以至于他们对这种食物至今敬而远之。由此可见，虚假记忆对人的饮食习惯有着重大影响。

此外，还有一种非常有趣的状况，曾经有一位研究人员让被试者在校园里经过自动贩卖机的时候想象自己向它跪地求婚的场景。过了一段时间后，当他再询问被试时，被试者就会认为自己当时确实出现了对着自动贩卖机跪地求婚的举动。

这听起来似乎非常荒唐，但却时常发生在我们的生活中。有的时候我们会设想自己做了某件事情，而时间一久，记忆发生了消退和混淆的状况，我们就会分不清自己到底是做了还是没做这件事，但由于曾经产生过这样的设想，我们会更倾向于认为做过这件事，虚假记忆也就由此产生。

第三节 瞬时记忆法——搭建记忆宫殿

相信很多人在看英剧《神探夏洛克》的时候，都会对这样一个情节印象深刻：夏洛克在思考问题的时候，让华生保持绝对的安静，华生表示不理解。这时，和夏洛克相处已久的女法医就向华生详细地解释了原因，不但喘息声会影响夏洛克的思考，就连腹诽和思考都会对夏洛克产生干扰。

这听上去似乎十分荒唐，但电视剧借助特效完美地向观众展示了夏洛克思维殿堂中的内容，细致逼真的程度令人咋舌。夏洛克在自己的"记忆宫殿"进行一番搜索之后便能够成功地破案。

除了夏洛克，《神探夏洛克》第三季里最后一集的终极反派——媒体大亨马格努森，也是一个绝顶聪明的人物。他曾和夏洛克对峙，戴着金丝眼镜，却已经盯得夏洛克有些疑惑和心慌，忍不住发问。然而在金丝眼镜之后飞速掠过的是夏洛克从小到大的信息，就连夏洛克发过推特和小时候用过的铅笔都出现在其中。

马格努森拥有一个资料库，里面收集了各种各样人物的隐私，并以此作为筹码来迫使那些衣冠楚楚的官员乖乖听自己的话。夏洛克以为马格努森利用高科技从资料库往大脑传递信息，并一直想摧毁这座资料库，因此他一直试图找到这座资料库。但让夏洛克没有想到的是，这位媒体大亨所倚仗的不是鼻梁上那架金丝眼镜，而是他自己的大脑。马格努森也拥有一座"记忆宫殿"，而且他的"记忆宫殿"更为庞大和详尽。想要彻底摧毁马格努森的"记忆宫殿"，只有杀掉这个媒体大亨，于是夏洛克很果断地解决了他。

很多人会觉得《神探夏洛克》的剧情有点玄乎了，这个世界上难道还真有“记忆宫殿”不成？答案是肯定的，世界上确实存在“记忆宫殿”。

记忆宫殿，其实是一种古老的记忆术。这一说法起源于一位名叫西蒙尼德斯的希腊诗人。有一次，这位诗人被邀请到宴会上进行诗歌朗诵表演。在宴会的大厅中，诗人声情并茂地朗诵了一首赞美卡斯托尔和波拉克斯的抒情诗，表演之后，这位诗人便潇洒地离去了。

说来也巧，这个诗人刚走到大门口的时候，整个宴会厅就坍塌了，巨大的石块砸下来，顷刻间，夺走了宴会厅中所有宾客的性命，而且这些宾客的尸体被砸得血肉模糊，无从分辨，更不方便家属安葬。但这位诗人却侥幸逃生，他站在门口，一遍遍地重温着他在宴会厅中的所见所闻，以此来回忆每个人的位置。然后，他拉着遇难者家属的手，根据自己的记忆，帮助他们一个个认领了尸体。

不过，这只是一个传说，更为可信的说法源自中世纪。在中世纪，印刷术还没有出现，知识一般都记录在羊皮卷上。过程较为复杂不说，羊皮卷也是非常昂贵的东西。当时的很多人都无法承受。如何掌握更多的知识成了一个难点，物质手段不给力，只有寻求精神上的突破了。于是很多人想方设法地提高记忆力，以便记住更多的东西。但是很多零零碎碎的知识没有关联，怎么能记住呢？

把抽象化为具体，把无意义的事情变成有意义的事情并串联起来就可以了。这等于在我们的脑海中搭建一座大厦，把那些我们想要记住的东西具象化地摆放在大厦之内，我们的记忆会更加迅速和持久，“记忆宫殿”也就由此形成。

“记忆宫殿”的使用并不罕见，曾获得 8 次世界记忆冠军的 Dominic O’Brien，能记住 54 张桌子上的所有牌，共计 2808 张的顺序。在记牌的时候，Dominic O’Brien 每张牌只看一次，然后运用记忆宫殿法来进行记忆。

一般来说，掌握了记忆宫殿法应该是一件好事，但中世纪的人们接受能力并没有现在这么强，对于他们来说，这样强悍的记忆远远超出了常人，是他们无法解释、无法控制的。所以当时的人们选择把这些掌握记忆宫殿法的人当作异端处死，以此来压制内心对于这种强大记忆力的恐惧。

随着时代的发展和人们智力水平的提升，综艺节目《最强大脑》中的很多选手的表现向人们展示了记忆的神奇之处。记忆宫殿法从最开始的令人好奇、惊奇，到现在被人所追捧。目前，这种记忆术已经被很多人应用在学习和生活中。

举个最简单的例子：一串电话号码，我们想记住其实并不是那么容易，即便记住了也很容易忘记，更何况其他事情。但是当我们在生活中遇到新奇的、重大的、令人匪夷所思或是血腥恐怖的事情时，我们却能够记得非常清楚和持久。比如，同学讲述的一个恐怖故事、小时候听过的神话传说，都能够令我们记忆深刻。这就启发了我们一件事，当我们想要记住某件事情的时候，我们可以通过生动的联想来使这件事情具象化。在联想时，越是有趣、恐怖、离奇的事情，我们的记忆就越是牢固和深刻。

掌握记忆宫殿法对于我们的学习还是有一定的帮助的，在我们学习外语的时候，需要进行演讲、备考等，记忆宫殿法所起到的作用是非常显著的。

你可能会觉得这么神奇的记忆术不可能每个人都能学会吧。其实记忆宫殿法并没有什么神奇之处，只是一种记忆技巧罢了，掌握了方法，并按照这种方法坚持练习，每一个普通人都能够学会。那么，我们怎么搭建自己的记忆宫殿呢？

首先，我们要选择一个我们所熟悉的地方，轻而易举地就能够回想起来，比如自己的家或是从单位到家的道路等。把这些地方转化为图像在脑海中重现，因为相对来说视觉图像更容易被我们记住。把我们不擅长记忆的信息转化为我们大脑擅长记忆的类型，把枯燥无味的信息转换为丰富多彩、趣味横生的画面，会对我们的记忆更有帮助。而越是我们熟悉的环境，我们的记忆就会越鲜明。然后我们需要把记忆的内容通过生动新奇的想象具象化，并对细节进行填充，充分调动自己的视觉、听觉、触觉、味觉、嗅觉等，在脑海中和需要记忆的内容进行具体紧密的联想，细节越清楚，我们的印象就会越深刻。

其次，我们要选择一条路线来使我们的记忆更具有顺序性。如果我们选择以家作为记忆殿堂，那么，我们的记忆顺序可以从门—客厅—卫生间—厨房—主卧—次卧—阳台；如果我们选择的是从家到单位的路，那么，我们的记忆顺序可以从家门口—公交站牌—街边标志性建筑—单位大门等。只要我们沿着这一路线进行搜索，就能够提取我们所储存的记忆信息。

再者，在搭建“记忆宫殿”的时候，我们还需要列出具有代表性的事物，将我们所选的“记忆宫殿”进行分解，然后选择特定连接点。比如，我们在门口可能看到鞋架、沙发；在厨房看到的是抽油烟机、电磁炉；在客厅看到电视机、冰箱；在主卧看到床、衣柜；在次卧看到书架、桌子；在阳台看到盆栽植物等，这些都要用来作为记忆连接点。然后重复回忆“记忆宫殿”，不断地加深印象，直至记忆深刻，难以忘怀，能够做到随时重现。

接下来要做的便是建立联系，我们可以进行光怪陆离的想象，将需要记忆的事物与记忆连接点进行联想并建立联系。如果我们想要记住的内容是“鸽子”，如何让鸽子和沙发建立联系？我们可以联想鸽子在沙发上做巢，并在沙发上拉了屎，这样我们就能够记住了。接下来以此类推便可以了，将要记忆的全部对象按照鸽子的方式进行疯狂的联想并建立连接，就能够记得非常清晰。

但是人的记忆并不是那么牢固的，记住的东西也容易遗忘。这时，我们要做的最后一步便是参观我们的记忆宫殿，这是一个回忆的过程，也可以说是重复记忆，对记住的内容进行强化，反复地参观，这样记忆便能够储存更久。

以上的几个步骤就能够帮助我们搭建一个完整的记忆宫殿，当我们需要记忆新内容的时候，我们便可以按照相同的方式进行。但记忆宫殿也有自己的缺点，因为我们记忆的内容是没有逻辑性可言的，只是一个个关键词。如果用这种方法记忆古文的话，难度非常大，远不如理解记忆有效。

除此之外，我们的“记忆宫殿”所记忆的内容还容易重复。因为我们格外熟悉的地方并不多，所以选择“记忆宫殿”也是一个问题，并且搭建“记忆宫殿”也是一件十分耗费时间的事，需要重复强化记忆。对于记忆力较好的人来说，“记忆宫殿”的必要性不大；对于记性较差的，需要记忆大量内容，并需要长期记忆的人，可以尝试使用记忆宫殿法来进行精确记忆。

第四节 忘却也是一种幸福

我们曾经很用心地去记住很多东西：方程公式、化学元素周期表、英语单词等，但是不管我们记住这些内容的时候多么用心，总有一天再次背诵它们的时候会发现自己早已经忘得一干二净，就连儿时背过的很多古诗词，到现在能记住全篇的也所剩无几。所谓遗忘，就是对于过去所记忆的内容不能够进行回忆和再认，甚至会发生混淆的情况，换言之，我们的记忆丧失了。

为什么会出现丧失记忆的情况呢？国外的生物学专家对此展开了一系列研究，并在一本杂志上发表了相关研究成果：大脑海马体的新神经元形成会破坏之前获得的信息，海马体是大脑与记忆形成有关的区域。简而言之，我们的神经元是在不断生长的，神经元的增多能够帮助我们记住更多的东西，但我们之前所记住一些内容，会在新的神经元增长的过程中被清除掉，新记忆取代旧记忆，这是一个不断更新的过程。

人的记忆按时间分为瞬时记忆、短时记忆和长时记忆。瞬时记忆又叫感觉记忆，是刺激信息的一种短暂保留，时间较短，约是 0.25 秒。在不引发人注意时，很难被人意识到。

短时记忆保存的时间要相对长一点，短于 1 分钟，不进行重复记忆的话很快就会忘记。比如，我们平时会有记住一个电话号码的需要，但是当我们把这一号码用纸笔或者手机记录下来的时候，再去回忆这一号码时脑海就会一片空白。

长时记忆的时间超过 1 分钟，不需要不断地重复记忆和强化记忆，而我们平时使用最多的也是长时记忆。

从心理学角度来讲，遗忘是一种正常、合理的心理现象，也是一种较为复杂的心理现象。当然，科学家们对于记忆遗忘的研究也没有停止过，德国心理学家艾宾浩斯还曾绘制出遗忘曲线图来表明遗忘的规律。人们产生遗忘的原因也是多种多样的，有生理原因、心理原因等。根据研究结果，遗忘的原因可分为以下五种观点：

痕迹衰退说

这种学说认为记忆是有痕迹的。所谓的记忆痕迹就像在海绵沙发上坐出的印记，但海绵具有复原功能，当印记得不到持续强化的时候，就会慢慢变弱，也就是我们所说的记忆消退。当我们重复记忆的时候，就会激活这一记忆痕迹，然后记忆就会恢复，人们也就能够回忆起之前所记住的内容。但如果记忆的内容得不到强化，便会随着时间的推移而消退，造成遗忘。这一学说虽然没有具体的实验证明，但由于符合常识，所以更容易被人们所接受。

干扰说

前摄抑制和倒摄抑制是干扰说一个非常有力的证据。这种学说认为，人们之所以会遗忘，是因为后来所记忆的内容干扰了之前所记忆的内容或者之前的记忆对后来的记忆造成了干扰。

压抑说

压抑说认为，人们之所以会遗忘是因为某些原因压抑了记忆，当压抑被解除之后，记忆自然就会恢复。在电视剧中经常会出现这样的情节，当一个人遭受重大打击的时候，他会忘记之前所发生的事情，这一学说将遗忘和情绪联系在一起，并且有一定的临床实践依据，可信度较强。

同化说

同代说是奥苏伯尔根据他的有意义言语学习理论对遗忘提出的一种独特的解释。奥苏伯尔认为，遗忘的过程是知识的组织和认知结构简化的过程，用高级观念取代低级观念，减轻记忆负担。

提取失败说

还有一种较为有趣的说法是记忆提取失败理论。人类记住的东西不可能遗忘，只是一时想不起来，就像我们在电脑里搜索一首歌或者一本书一样，我们忘记了歌名或者书名，更记不住歌词和书的内容以及书中主角的名字，根本没有有效的线索，那么想提取这些记忆肯定是难上加难。只有找到有效的线索，再去搜索这类记忆，就会成功地搜索到。有时候我们会发现有些事情我们怎么想都想不起来，但是却在某一时刻突然闪现在脑海之中，这就是我们没有遗忘的证明。我们之所以想不起来，只是暂时缺乏能够勾起我们记忆的东西罢了。

遗忘也分为短暂性遗忘和永久性遗忘。短暂性遗忘的记忆是可以恢复的，但是需要相应的条件；而永久性遗忘则需要重新学习，否则就无法恢复记忆。人的记忆是需要不断保持和强化的，遗忘也是必需的，因为人的脑容量是有限的。英国著名推理小说家柯南·道尔在《血字的研究》中说："你要知道，我认为人的脑子本来像一间空空的小阁楼，应该有选择地把一些家具装进去。只有傻瓜才会把他碰到的各种各样的破烂杂碎一股脑儿装进去。这样一来，那些对他有用的知识反而被挤了出来；或者，最多不过是和许多其他东西掺杂在一起。因此，在取用的时候也就感到困难了。"

在《神探夏洛克》中，华生让夏洛克听夏洛克自己不愿意听的东西的时候，夏洛克选择了自我催眠。对此，夏洛克的解释是："人的大脑能记住的东西是有限的，所以不必要的内容必须清理出去，才能够记住更多自己真正需要的东西。”

其实遗忘也没有什么不好，周星驰的电影《功夫》中有一句名言：不记得也好，忘却也是一种幸福。生活中背负太多记忆的人不一定能够活得很开心。

不久之前，网络上有这样一个问题引发了网友的热议：“如果你的身体上有一个恢复出厂设置的按钮，你会按下去吗？”有的人说想要尝试重新开始；有的人认为现有的记忆弥足珍贵，不舍得有丝毫损伤；有些人则觉得这一问题根本就是无稽之谈。的确，目前来说，这个问题只能是一个假想，短期内很难有实现的可能，但网友们不同的意见也从不同侧面显示了个人对于遗忘看法的不同。

在世界著名文学作品《彼得·潘》中，讲述了一个会飞的淘气小男孩彼得·潘的冒险故事。有一天，温迪和弟弟在家睡觉的时候遇到了彼得·潘，并和彼得·潘一起飞上高空，去了梦幻岛。梦幻岛是彼得·潘、迷失少年们以及小精灵婷可·贝尔的居住地，在岛上他们不受成人的拘束，也不再长大，每天自由自在地玩耍，听人鱼唱歌，与猛兽搏斗，还和胡克船长所率领的海盗展开了一系列斗争。

冒险结束后，温迪非常想家，她开始劝说迷失少年们，迷失少年们也对回家满怀期待。然后，他们跟着温迪回到了家里，选择了继续长大成人。但小飞侠彼得·潘拒绝回家，拒绝长大。故事的最后，彼得·潘和小精灵回了梦幻岛继续冒险，他永远不会再长大，但这种不再长大也是有代价的，他将永远不记得之前所发生的任何事情，无论是欢乐的还是悲伤的，他带着一个又一个迷失的男孩奔向梦幻岛的乐土，享受着无拘无束的童年。

很多人都非常羡慕彼得·潘的生活，无忧无虑，随心所欲。但温迪的选择也不是不能理解的，她有着长大成人的渴望，毕竟每个人都是要长大的，这是无法避免的过程。彼得·潘和温迪，两个孩子做出的选择不同，人生也有着巨大的差别，温迪选择长大成人，保留这段童年里闪着光的美好记忆，而彼得·潘却不断冒险，也不断遗忘。

记忆有时候恰恰是人们产生痛苦的根源，遗忘有时候也是对人的一种保护。卸下记忆的包袱，人反而能够像彼得·潘一样活得更加轻松和快乐。

图书在版编目(CIP)数据

反常心理学．3，简单有趣的心理学知识 / 王小军著．— 2版．—北京：中国法制出版社，2019.11

ISBN 978-7-5216-0615-7

Ⅰ．①反… Ⅱ．①王… Ⅲ．①心理学—通俗读物 Ⅳ．①B84-49

中国版本图书馆CIP数据核字（2019）第227549号

策划编辑：李佳（amberlee2014@126.com）

责任编辑：李佳 刘冰清　　封面设计：汪要军

反常心理学．3，简单有趣的心理学知识

FANCHANG XINLIXUE. 3, JIANDAN YOUQU DE XINLIXUE ZHISHI

著者 / 王小军

经销 / 新华书店

印刷 / 三河市紫恒印装有限公司

开本 / 710毫米 × 1000毫米 16开　　印张 / 12 字数 / 181千

版次 / 2019年11月第2版　　2019年11月第1次印刷

中国法制出版社出版

书号ISBN 978-7-5216-0615-7　　定价：42.00元

北京西单横二条2号 邮政编码100031　　传真：010-66031119

网址：http://www.zgfzs.com　　**编辑部电话：010-66054911**

市场营销部电话：010-66017726　　**邮购部电话：010-66033288**

（如有印装质量问题，请与本社印务部联系调换。电话：010-66032926）